Felix Bauer

Datenanalyse mit SPSS

Zweite, revidierte Auflage

Springer-Verlag
Berlin Heidelberg New York
London Paris Tokyo

Dr. Felix Bauer
Gothaer Straße 16
8507 Oberasbach

ISBN 3-540-17149-5 Springer-Verlag Berlin Heidelberg New York
ISBN 0-387-17149-5 Springer-Verlag New York Berlin Heidelberg

CIP-Kurztitelaufnahme der Deutschen Bibliothek

Bauer, Felix:
Datenanalyse mit SPSS / Felix Bauer. –
2., rev. Aufl. – Berlin; Heidelberg;
New York; London; Paris; Tokyo:
Springer, 1986.
ISBN 3-540-17149-5 (Berlin ...)
ISBN 0-387-17149-5 (New York ...)

Druck: Liebing Druck GmbH, Würzburg
Bindearbeiten: Konrad Triltsch GmbH, Graphischer Betrieb, Würzburg
2142/7130 – 543210

Vorwort zur zweiten Auflage

SPSS (Statistical Package for the Social Sciences) ist das wohl am
weitesten verbreitete statistische Softwarepaket für Sozialwissenschaftler. Durch dieses Programmpaket stehen dem Anwender eine große
Anzahl statistischer Analyseverfahren zur Verfügung. Damit sind relativ
komplexe und mathematisch anspruchsvolle Verfahren auch für den Anfänger
einfach anwendbar. Gerade der Anwender steht jedoch zahlreichen Problemen
gegenüber, die von der adäquaten Anwendung der Verfahren bis zur
korrekten Interpretation der Ergebnisse reichen.

Dieses Buch soll allen jenen als Hilfestellung dienen, die eigene empirische Auswertungen durchführen wollen. Dafür wird eine breite Palette
gängiger statistischer Verfahren dargestellt, deren Anwendungsvoraus-
setzungen diskutiert und der dazugehörige SPSS-Output interpretiert. Die
Vielzahl der in SPSS implementierten Verfahren ließ eine Auswahl unum-
gänglich werden. Der Schwerpunkt der ausgewählten Verfahren wurde so gelegt, daß diese zahlreiche Fragestellungen der empirischen (Sozial-)
Forschung abdecken. Auf die Darstellung einiger gängiger komplexerer
Analyseverfahren (z.B. Regressions- und Diskriminanzanalyse) wurde verzichtet, weil diese bei dem allen Beispielen zugrundeliegenden Datensatz
kaum sinnvoll angewandt werden können. Der interessierte Leser wird hier
auf ein anwendungsorientiertes Lehrbuch in demselben Verlag
(Suchard-Ficher et al. 1980) verwiesen. Da die Ableitungen der Formeln
der dargestellten Verfahren in zahlreichen, beliebig aufzählbaren Sta-
tistik-Lehrbüchern nachgelesen werden können, beziehen sich die
Literaturhinweise hauptsächlich auf besondere Hinweise und Ergänzungen
dieser Autoren. Dabei wurde besonderer Wert auf die notwendige Verbindung
von Methodologie und Statistik gelegt.

Seit dem Erscheinen der ersten Auflage im April 1984 hat SPSS zahlreiche
Weiterentwicklungen und Neuerungen erfahren. Bezog sich die erste Auflage
noch auf die Programmversion 8 von SPSS, so ist jetzt in vielen Rechen-
zentren bereits die zweite Version von SPSS-X im Einsatz. Darüberhinaus
existiert jetzt auch eine Programmversion für Personal-Computer
(SPSS/PC+). Dies ließ zwar keine inhaltliche Neukonzeption des Buches

VI

notwendig werden; der Weiterentwicklung wurde jedoch insofern Rechnung
getragen, als sämtliche Beispiele mit SPSS/PC bzw SPSS-X neugerechnet
wurden. Auf Veränderungen gegenüber den früheren Programmversionen wird
dabei eingegangen. Auch der Aufruf der Prozedur MANOVA wird nun bei der
Besprechung der mehrfaktoriellen Varianzanalyse und der Varianzanalyse
für Meßwiederholungen demonstriert. Das Schwergewicht der Anwendungen
wurde auf die Programmversion SPSS/PC+ gelegt, weil ich glaube, daß sich
der bereits jetzt deutlich erkennbare Trend zur Verwendung von PC's in
Zukunft noch weiter verstärken wird.

Bei der Fertigstellung dieser zweiten Auflage wurde ich von zahlreichen
Personen mit Rat und Tat unterstützt.
Mein besonderer Dank gilt dabei Herrn Cramer vom Regionalen Rechenzentrum
der Universität Erlangen-Nürnberg für die organisatorische Unterstützung.

Im August 1986   Felix Bauer

Inhaltsverzeichnis

Einleitung

Die Konzeption für das vorliegende Buch entstand aus einem Kurs, der im Wintersemester 1982/83 an der Universität Erlangen-Nürberg gehalten wurde. Das Buch ist als Unterstützung für alle Studenten gedacht, die die Auswertungen einer empirischen Untersuchung mit dem Programmpaket SPSS durchführen wollen.

Im Rahmen der folgenden Kapitel soll eine Auswahl gängiger statistischer Analyseverfahren vorgestellt werden. Dabei wird weniger Wert auf die Ableitung und Darstellung der mathematischen Formeln gelegt, da diese in einschlägigen Statistiklehrbüchern nachgelesen werden können. Die Schwerpunkte liegen hier in der Darstellung,

a) welches statistische Verfahren bei welcher Fragestellung angewandt werden kann,
b) welche Voraussetzungen die Verfahren haben,
c) welche Konsequenzen sich aus der Verletzung der Voraussetzungen ergeben,
d) wie diese Verfahren in SPSS aufgerufen werden und schließlich
e) wie die Ergebnisse interpretiert werden können.

Um dem Leser das Verständnis der Verfahren zu erleichtern, werden die Verfahren an Hand eines Datensatzes besprochen. Diese Daten wurden im Rahmen einer kleinen quasi-experimentellen Untersuchung erhoben, die im Kapitel 1 näher beschrieben wird. Die Lektüre dieses Kapitels wird zum besseren Verständnis der folgenden Kapitel empfohlen.

Im zweiten Kapitel werden einige allgemeine Überlegungen zur Kodierung von Daten, Kennzeichnung von fehlenden Werten und zur Datenerfassung dargestellt. Diese dienen als Hilfestellung für den noch unerfahrenen EDV-Anwender und beziehen sich auf die Datenhaltung mit dem Programmpaket SPSS.

Im drittel Kapitel werden Möglichkeiten aufgezeigt, Fehler in dem Datensatz zu erkennen. Die Anwendung dieser Fehlersuchstrategien ist zum Teil von der Art der Kodierung der Daten abhängig. Das Kapitel drei baut damit auf den Überlegungen des Kapitel zwei auf.

Ab dem vierten Kapitel werden statistische Analyseverfahren vorgestellt. Besonderer Wert wird hierbei auf nichtparametrische Alternativen zu den gängigen Analyseverfahren gelegt. Dabei wird auch diskutiert, wann das parametrische oder ein nichtparametrisches Verfahren vorzuziehen ist.

Die dargestellten Analysen wurden zu einem großen Teil auf einem WANG Personal-Computer mit der Version SPSS/PC und SPSS/PC+ durchgeführt. Da in der PC-Version von SPSS jedoch noch nicht alle gängigen Analyseverfahren implementiert sind, wurden die fehlenden Verfahren mit SPSS-X an einer CYBER 180 des Rechenzentrums der Universität Erlangen-Nürnberg gerechnet. Zwischen SPSS/PC und SPSS-X besteht eine hohe Kompatibilität, so daß dieses Buch sowohl für Analysen auf Personal-Computern als auch an Großrechnern als Hilfsmittel verwendet werden kann.

Es bleibt noch darauf hinzuweisen, daß dieses Buch als Leitfaden für Datenanalyse gedacht ist und nicht dazu dient, das SPSS-Handbuch zu ersetzen.

Ebensowenig eignet es sich zur Erlernung von SPSS. Die Zielgruppe, die hier angesprochen werden soll, besteht aus Benutzern, die mit der SPSS-Syntax und den SPSS-Anweisungen hinlänglich vertraut sind.

Im letzten Kapitel dieses Buches wird SPSS/PC+ mit SPSS-X verglichen; ebenso werden Vergleiche zu früheren Versionen von SPSS angestellt, um dem Benutzer den Wechsel zwischen den verschiedenen Programmversionen zu erleichtern.

1. Versuchsanordnung und Datenerhebung

In einer quasi-experimentellen Studie sollten die Erlebniswirkungen erfaßt werden, die von technischen Elementen (Hochspannungsleitungen) in der Landschaft ausgehen. Es entspricht wohl dem Alltagswissen, daß das Erleben eines Landschaftsausschnittes durch das Vorhandensein einer auffälligen Hochspannungsleitung beeinträchtigt wird. Eine diesbezügliche systematische Prüfung steht jedoch noch aus.

Von zwei Landschaftsfotografien (Diapositive), auf denen Hochspannungsleitungen ein dominierendes Element darstellen, wurden Kopien angefertigt. Hier wurden diese Leitungen retouchiert. Wir haben auf diese Weise zwei Vergleichspaare von Diapositiven erhalten, die sich mit Ausnahme der Hochspannungsleitungen vollständig gleichen. Bezeichnen wir die beiden Bilder mit A und B, so erhalten wir die Paare Am und Ao sowie Bm und Bo. (Dabei bedeutet m = mit Hochspannungsleitungen, o = ohne Hochspannungsleitungen.)

Zusätzlich wurde eine weitere Landschaftsaufnahme ausgewählt, die ein hügeliches, agrarisch genutzes Gebiet zeigt. Dieses Bild wird von uns mit S bezeichnet.

In Gruppenversuchen wurden jeweils zwanzig Studenten drei der fünf Bilder präsentiert, die sie auf einem elf Polaritäten umfassenden konzeptspezifischen Semantischen Differential (vgl. BAUER 1981) zu beurteilen hatten (siehe Abb. 1, S. 4).

Dabei wurden allen vier Versuchsgruppen, die durch Randomisierung entstanden waren, als erstes das Bild S präsentiert. Damit kann später überprüft werden, ob sich die Versuchsperson zu Beginn des Versuches in der Beurteilung der Landschaftsbilder gleichen. Danach wurde jeder Versuchsgruppe je ein Bild mit Hochspannungsleitungen und ein Bild ohne Hochspannungsleitungen zur Beurteilung präsentiert. Den Versuchsplan zeigt die Abbildung 2 (vgl. S. 5).

4

Abb. 1: Darstellung des verwendeten konzeptspezifischen Semantischen
Differentials zur Beurteilung von Landschaftsfotografien

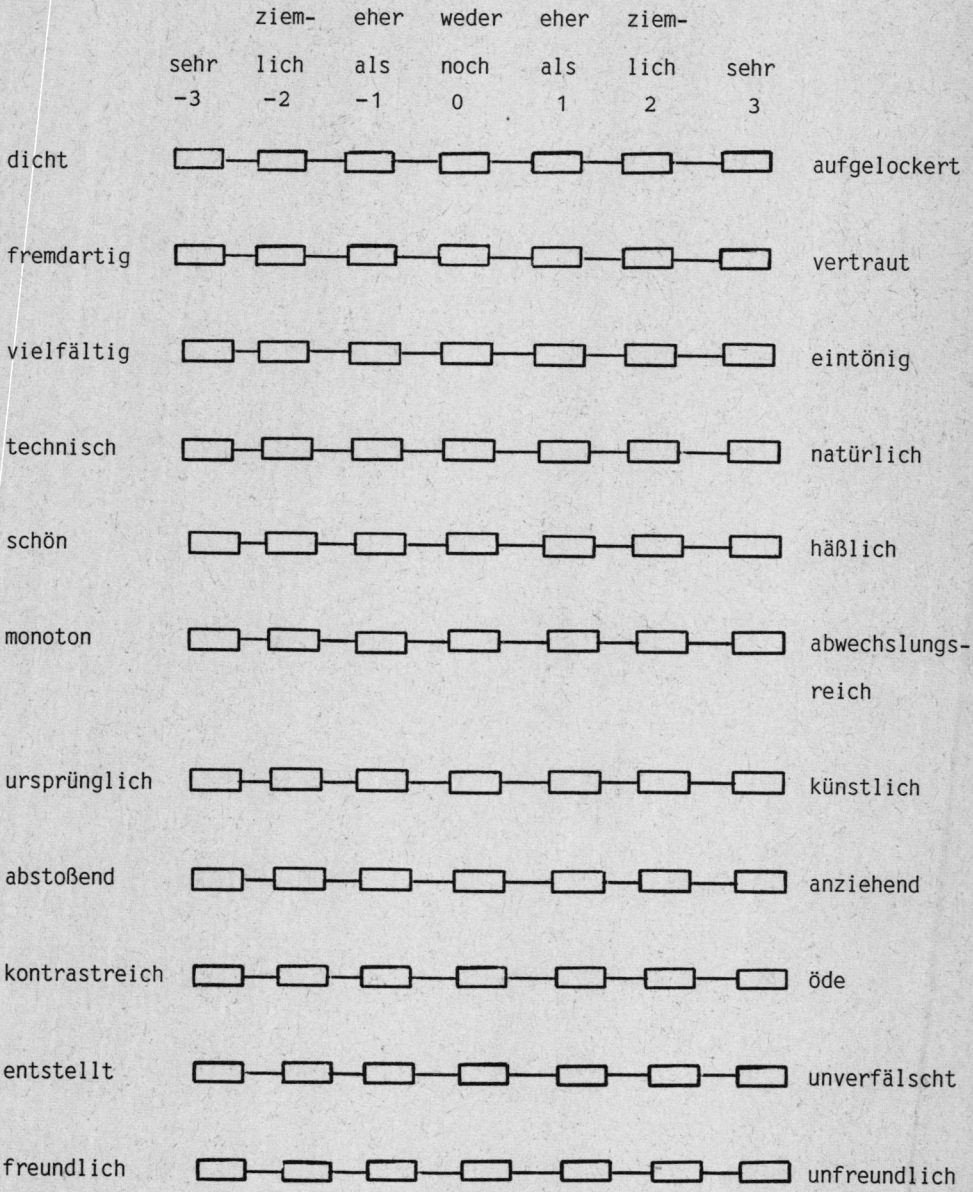

Abb. 2: Darstellung des Versuchsplanes zur Erfassung der Erlebniswirkung von Hochspannungsleitungen in Landschaftsbildern

	Gruppe 1	Gruppe 2	Gruppe 3	Gruppe 4
1. Bild	S	S	S	S
2. Bild	Am	Bm	Bo	Ao
3. Bild	Bo	Ao	Am	Bm
	n = 20	n = 20	n = 20	n = 20

Abschließend wurden den Versuchspersonen aller Versuchsgruppen ein
Fragebogen zur Erfassung der Intensität des naturschutzbezogenen
Interesses (vgl. BAUER, FRANKE & GÄTSCHENBERGER 1979) vorgelegt
(siehe Abb. 3, S. 6).

Weiterhin wurde das Geschlecht der Versuchspersonen erfragt. Mit der
gewählten Versuchsanordnung sollen folgende Fragestgellungen
untersucht werden:

1. Welchen Einfluß hat das Geschlecht der Versuchspersonen auf
   die Beurteilung von Landschaftsbildern?

2. Unterscheiden sich die Beurteilungen der Bilder mit und ohne
   Hochspannungsleitungen signifikant?

3. Besteht ein Zusammenhang zwischen der Intensität des naturschutzbezogenen Interesses und der Erlebniswirkung, der von den Hochspannungsleitungen ausgeht?

Über die aufgeworfenen Fragen hinaus kann auf Grund dieser Versuchsanordnung auch geprüft werden, wie stark die Versuchspersonen
zwischen den von ihnen zu beurteilenden Bildern differenzieren.

Da wir uns hier vorwiegend mit den methodischen Aspekten der
Datenanalyse beschäftigen, soll auf eine theoretische Ableitung der
ohnehin plausiblen Fragestellungen verzichtet werden.

Abb. 3: Darstellung des Fragebogens zur Erfassung der Intensität des naturschutzbezogenen Interesses

1. Ehrlich gesagt, kann ich das Gerede über Natur- und Umweltschutz nicht mehr hören.

2. Um der Zerstörung der Landschaft aktiv entgegenzusteuern, muß der Staat strengere Naturschutzgesetze erlassen.

3. Ich finde, daß die Umwelt gar nicht so sehr verschmutzt ist, wie oft behauptet wird.

4. Einzeln stehende Hecken oder Gebüsche müssen der besseren wirtschaftlichen Nutzung der Äcker geopfert werden.

5. Es sollten mehr Gebiete als bisher zu Naturschutzgebieten erklärt werden.

6. Ich befürchte, daß wir eines Tages alle Naturschönheiten dem wirtschaftlichen und technischen Fortschritt geopfert haben.

7. Ich würde es begrüßen, wenn die Massenmedien mehr über die Gefährdung der Umwelt durch den technischen Fortschritt informieren würden.

8. Der Staat sollte strengere Vorschriften zum Schutz der Umwelt erlassen.

9. Ich glaube, daß das ganze Naturschutzgerede nur eine Modeerscheinung ist.

Skala: vollkommen zutreffend – überwiegend zutreffend – teilweise zutreffend – kaum zutreffend – nicht zutreffend

2. Kodierung und Datenerfassung

Mit dem Vorliegen der ausgefüllten Fragebögen können nun die auswer-
tungsvorbereitenden Arbeiten beginnen, die wir als Kodierung und Datenerfassung bezeichnen.

Als Kodierung bezeichnet man die Übertragung der Antworten von dem
Fragebogen in Symbole, die EDV-mäßig verarbeitet werden können. Im Rahmen
des Kodierungsvorganges wird beispielsweise die Reihenfolge festgelegt,
in der Daten einer Person abgespeichert werden und welche Daten unberücksichtigt bleiben. Damit werden im Rahmen des Kodiervorganges wichtige
Entscheidungen getroffen, die die Möglichkeiten der Auswertungen erheblich beeinflussen können. Wir werden uns deshalb ausführlich mit den
Aspekten des Kodiervorganges beschäftigen.

Mit der Datenerfassung wird die Übertragung der kodierten Daten auf ein
EDV-Speichermedium (Lochkarte, Magnetplatte oder -diskette) bezeichnet.
Früher wurde die Datenerfassung hauptsächlich als Übertragung auf
Lochkarten, als Verlochung, durchgeführt. Inzwischen erfolgt die
Datenerfassung in der Regel durch Bildschirmeingabe mit Hilfe von
Texteditoren oder Erfassungsmasken von Datenbanksystemen, als
Speichermedium dienen dann Magnetplatten oder -disketten. Da Lochkarten
nur noch in seltenen Ausnahmefällen verwendet werden, wollen wir uns
schwerpunktmäßig mit der Datenerfassung über Texteditoren beschäftigen.

2.1. Der Kodiervorgang

Als Ausgangsmaterial (Rohdaten) liegt von jeder Versuchsperson ein
ausgefüllter Fragebogen vor, bestehend aus drei Semantischen
Differentialen und einem Fragenkatalog zur Erfassung der Intensität des
naturschutzbezogenen Interesses vor. Weiterhin haben die Versuchspersonen
ihr Geschlecht auf dem Fragebogen gekennzeichnet. Der Versuchsleiter hat
die zusätzliche Information, welcher Versuchsgruppe eine Versuchsperson
angehört. Darüber lassen sich die beurteilten Bilder identifizieren.

Es ist nun zu überlegen, wie diese Informationen zweckmäßigerweise zu
kodieren sind. Dabei treten folgende Fragen auf:

1. Wie sollen die Polaritäten des Semantischen Differentials und die Items zum naturschutzbezogenen Interesse kodiert werden?

2. Sollen Variablen auf Nominalskalenniveau (z.B. die Identifikation des beurteilten Bildes) numerisch oder alphanumerisch kodiert werden?

3. Welche Symbole sollen fehlende Werte (z.B. Antwort vergessen oder verweigert) kennzeichnen?

4. Wie ist der Datensatz zu organisieren, um für verschiedene Auswertungsstrategien geeignet zu sein?

zu 1.): Betrachtet man die Polaritäten des Semantischen Differentials, so sind die Abstufungen sehr, ziemlich usw. symmetrisch. Die Skala für die erste Polarität reicht von sehr dicht bis sehr aufgelockert. Dementsprechend könnte man sehr dicht mit "-3"; weder dicht noch aufgelockert mit "0" und sehr aufgelockert mit "+3" kodieren. Dieses Vorgehen ist möglich, es weist jedoch den Nachteil auf, daß für jede Polarität zwei Zeichen zur Speicherung benötigt werden. Dies erhöht den Aufwand beim Kodieren und bei der Datenerfassung. Eine zusätzliche Fehlerquelle liegt darin, daß für Null und positive Werte das Vorzeichen entfallen kann, so daß in diesem Fall ein Leerzeichen vor dem Wert stehen muß. Einfacher ist es deshalb, den Wertebereich von "1" bis "7" zu wählen, "1" wird dabei der Ausprägung sehr dicht, "7" der Ausprägung sehr aufgelockert zugewiesen. Die neutrale Ausprägung weder dicht noch aufgelockert erhält den Wert "4". Bei diesem Vorgehen wird für jede Polarität des Semantischen Differentials nur eine Speicherstelle benötigt. Flüchtigkeitsfehler, durch Nichtberücksichtigung des Vorzeichens sind ausgeschlossen.

Als weitere Frage stellt sich, ob die Polaritäten durchgängig so kodiert werden sollen, daß dem rechten "sehr" der Wert "1", dem linken "sehr" der Wert "7" zugewiesen wird. Dies vereinfacht zwar die Kodierarbeit; bei den folgenden Auswertungen ist jedoch zu berücksichtigen, daß bei der dritten Polarität "1" sehr vielfältig bei der sechsten Polarität "1" aber sehr monoton bedeutet.

Bei der Interpretation von Mittelwertunterschieden und Korrelationen wäre in diesem Falle immer die Richtung der Kodierung zu berücksichtigen. Bei der Bildung von aggregierten Werten (z.B. Summenwerten) wären umfangreiche Umkodierungen erforderlich. Deshalb sollte man (sofern die Dimensionalität und die Richtung der Fragen vorab bekannt ist) alle Fragen, die den gleichen Sachverhalt messen, so kodieren, daß ein niedriger Zahlenwert eine niedrige Ausprägung der Dimension bedeutet.

In unserem Falle wurden alle Polaritäten des Semantischen Differentials so kodiert, daß "1" den niedrigsten Wert für die Vielfältigkeit, Natürlichkeit oder Attraktivität indiziert. Um Übertragungsfehler beim Kodiervorgang zu vermeiden, wurde eine transparente Kodierfolie angefertigt, die für die einzelnen Abstufungen jeweils den zugehörigen Wert enthält (vgl. Abb. 4,S. 10).

Für die fünfstufigen Skalen zur Erfassung der Intensität des naturschutzbezogenen Interesses wurde das gleiche Vorgehen gewählt. Der Wert "1" bedeutet hier die niedrigste Intensität, der Wert "5" die höchste Intensität des naturschutzbezogenen Interesses (vgl. Abb. 5, S. 11).

zu 2.): SPSS bietet grundsätzlich die Möglichkeit, numerische und alphanumerische Variablen zu verarbeiten. Eine alphanumerische Kodierung von nominalskalierten Variablen bietet die Sicherheit, daß diese Variablen nicht für unangemessene statistische Verfahren (z.B. Korrelationsanalyse) verwendet werden. Andererseits erfordern in SPSS jedoch auch viele Verfahren, deren unabhängige Variable Nominalskalenniveau aufweisen dürfen (z.B. t-Test oder Varianzanalyse) eine numerische Kodierung. Deshalb erscheint es zweckmäßig, generell alle Variablen numerisch zu kodieren.

zu 3.): SPSS bietet die Möglichkeit, beliebige Symbole - bei numerischer Kodierung beliebige Zahlen - zur Kennzeichnung fehlender Werte zu verwenden. Einschränkungen ergeben sich lediglich aus Zweckmäßigkeitsüberlegungen des Anwenders.

10

Abb. 4: Kodierschablone für das Semantische Differential

	ziem-	eher	weder	eher	ziem-	
sehr	lich	als	noch	als	lich	sehr
-3	-2	-1	0	1	2	3

dicht	1 — 2 — 3 — 4 — 5 — 6 — 7	aufgelockert
fremdartig	7 — 6 — 5 — 4 — 3 — 2 — 1	vertraut
vielfältig	7 — 6 — 5 — 4 — 3 — 2 — 1	eintönig
technisch	1 — 2 — 3 — 4 — 5 — 6 — 7	natürlich
schön	7 — 6 — 5 — 4 — 3 — 2 — 1	häßlich
monoton	1 — 2 — 3 — 4 — 5 — 6 — 7	abwechslungs-reich
ursprünglich	7 — 6 — 5 — 4 — 3 — 2 — 1	künstlich
abstoßend	1 — 2 — 3 — 4 — 5 — 6 — 7	anziehend
kontrastreich	7 — 6 — 5 — 4 — 3 — 2 — 1	öde
entstellt	1 — 2 — 3 — 4 — 5 — 6 — 7	unverfälscht
freundlich	7 — 6 — 5 — 4 — 3 — 2 — 1	unfreundlich

Abb. 5: Kodierschablone für die Erfassung der Intensität des
naturschutzbezogenen Interesses

	vollkommen zutreffend	überwiegend zutreffend	teilweise zutreffend	kaum zutreffend	nicht zutreffend

1. Ehrlich gesagt, kann ich das
Gerede über Natur- und Umweltschutz nicht mehr hören.
     1 — 2 — 3 — 4 — 5

. Um der Zerstörung der Landschaft
aktiv entgegenzusteuern, muß der
Staat strengere Naturschutzgesetze
erlassen.
     5 — 4 — 3 — 2 — 1

. Ich finde, daß die Umwelt gar nicht
so sehr verschmutzt ist, wie oft
behauptet wird.
     1 — 2 — 3 — 4 — 5

4. Einzeln stehende Hecken oder Gebüsche müssen der besseren wirtschaftlichen Nutzung der Äcker geopfert werden.
     1 — 2 — 3 — 4 — 5

5. Es sollten mehr Gebiete als bisher zu Naturschutzgebieten erklärt werden.
     5 — 4 — 3 — 2 — 1

6. Ich befürchte, daß wir eines Tages
alle Naturschönheiten dem wirtschaftlichen und technischen Fortschritt
geopfert haben.
     5 — 4 — 3 — 2 — 1

7. Ich würde es begrüßen, wenn die
Massenmedien mehr über die Gefährdung der Umwelt durch den technischen Fortschritt informieren
würden.
     5 — 4 — 3 — 2 — 1

8. Der Staat sollte strengere Vorschriften zum Schutz der Umwelt
erlassen.
     5 — 4 — 3 — 2 — 1

9. Ich glaube, daß das ganze Naturschutzgerede nur eine Modeerscheinung ist.
     1 — 2 — 3 — 4 — 5

Nach unseren Erfahrungen ist es vorteilhaft, wenn für alle Variablen der gleiche Wert zur Kennzeichnung fehlender Angaben verwendet wird. Das Semantische Differential nimmt den größten Bereich an möglicherweise auftretenden gültigen Werten ein, nämlich von "1" bis "7". Wir können also die Werte "0", "8" oder "9" zur Kennzeichnung fehlender Werte verwenden. Bei früheren Versionen von SPSS und insbesondere bei der Verwendung von Lochkarten als Datenträgern war es relativ umständlich zwischen Leerstelle (Blank) und "0" zu unterscheiden. Die SPSS-Versionen SPSS-X und SPSS/PC bieten hierfür eine sehr komfortable Möglichkeit. Es war deshalb mehr Gewohnheit als Zweckmäßigkeit, die uns bewog, an der Kennzeichnung fehlender Werte mit "9" festzuhalten.

Sind zweistellige Variablen (z.B. Lebensalter in Jahren) erhoben worden, so empfiehlt es sich hier analog "99" zur Kennzeichnung fehlender Werte zu verwenden.

zu 4.): Die zweckmäßige Organisation des Datensatzes hängt von den jeweils geplanten Auswertungsstrategien ab. Es ist jedoch wichtig darauf zu achten, daß SPSS/PC nur rechteckige Datenmatrizen verarbeiten kann, d.h. jeder Fall muß dieselben Variablen enthalten (diese Beschränkung entfällt in SPSS-X).

Bei unserer Studie benötigen wir eine flexible Verwendungsweise, bei der einerseits alle drei Semantischen Differentiale einer Versuchsperson zu einem Fall zusammengefaßt, andererseits aber auch die Urteile über jedes Bild als ein Fall betrachtet werden.

Bei der zweiten Betrachtungsweise werden die Daten einer Versuchsperson künstlich in drei Fälle aufgespalten. Dies ist beispielsweise für die Korrelationsanalyse der Polaritäten des Semantischen Differentials erforderlich.
Wir sind demzufolge gezwungen, um in beiden Fällen rechteckige Datenmatrizen zu erhalten, einige Informationen mehrfach abzuspeichern. Es sind dies die Antworten zum naturschutzbezogenen Interesse, das Geschlecht der Versuchsperson und die Zugehörigkeit zur Versuchsgruppe.

Zusätzlich werden zum Zwecke der Datenprüfung noch zwei weitere
Informationen mit aufgenommen, nämlich die Versuchsperson-Nummer und die
Zeilen-Nummer. Die Versuchspersonen-Nummer wird nachträglich vom
Versuchsleiter zugewiesen. Sie ergibt sich bei Durchnummerierung der
Fragebogen. Für die inhaltliche Auswertung der Untersuchung ist die
Versuchspersonen-Nummer (Vp-Nummer) belanglos. Da für jede Versuchsperson
drei Zeilen benötigt werden, muß auf die korrekte Folge der Informationen
geachtet werden. Dazu dient die Zeilennummer. Die erste Zeile erhält den
Wert "1", die dritte den Wert "3". Auf diese Weise können Vertauschungen
relativ leicht erkannt werden. Zusammenfassend können wir sagen: Die
folgende Organisation des Datensatzes scheint uns für die geplanten
Auswertungsschritte zweckmäßig: Die Daten einer Versuchsperson werden auf
drei Zeilen abgespeichert. Jede Zeile enthält folgende Informationen: Die
Versuchspersonen-Nummer (Vp-Nummer), die Zeilennummer, die Werte für die
Polaritäten des Semantischen Differentials bei der Beurteilung eines
Landschaftsdias, die Identifikation des Dias, die Position des Bildes in
der Darbietungsfolge (identisch mit der Zeilennummer), die Werte für die
Intensität des naturschutzbezogenen Interesses, die Kennzeichnung des
Geschlechts, und die Kennzeichnung der Versuchsgruppe.
Auch diese redundante Speicherung von Informationen ist eigentlich
veraltet. Sie hängt damit zusammen, daß die ursprüngliche Konzeption des
Buches die damals noch relativ große Anzahl von Lochkartenbenutzern
berücksichtigte. Insbesondere bei der Verwendung von Datenbanksystemen
(z. B. dBASE III oder SIR) ist eine redundanzarme Speicherung der Daten
sinnvoll. Wir können diesen Gesichtspunkt hier jedoch nicht weiter
vertiefen, da er den Rahmen des Buches sprengen würde.

Die Zuordnung der Informationen zu bestimmten Spalten einer Zeile erfolgt
über einen Kodierplan. Ein Kodierplan sollte auch für kleine und einfach
strukturierte Datensätze erstellt werden. Den von uns erstellten
Kodierplan zeigt die Abbildung 6.
Dieser dient auch zur Erstellung der SPSS-Datendeskription. Dabei fügen
wir an einigen Stellen Leerspalten ein, dadurch wird die Arbeit der
Datenerfassung erleichtert. Weiterhin können diese Leerspalten bei der
Datenprüfung und Fehlersuche hilfreich sein.

14

Die Verwendung von Leerspalten im Datensatz erhöht zwar den Speicher-
platzbedarf für den Datensatz, sie erleichtert jedoch andererseits auch
die Dateneingabe, da die Zahlenkolonnen getrennt und damit übersicht-
licher werden. Weiterhin wird die Fehlersuche dadurch beträchtlich
erleichtert. Das Setzen von Tabulatoren verhindert zudem, daß die
Dateneingabe in der falschen Spalte begonnen wird.
Bei der Verwendung von Datenerfassungsmasken sind die Leerspalten
überflüssig.

Abb. 6: Kodierplan für die Untersuchung der Erlebniswirkungen
        von Hochspannungsleitungen in Landschaften

1 - 2	Vp-Nummer
3	Zeilennummer = 1. Zeile
6 - 16	Polaritäten SD (siehe Kodierschablone)
20	Bildidentifikation S = 1, Bm = 2, Bo = 3, Am = 4, Ao = 5
21	Position des Bildes in der Darbietungsfolge
23 - 31	Fragebogen naturschutzbezogenes Interesse
	(siehe Kodierschablone)
33	Geschlecht 1 = weiblich, 2 = männlich
35	Versuchsgruppe (1 bis 4)

Zeile 2 und 3 ebenso (Zeilennummer = 2 resp. = 3)

fehlende Werte (keine Angabe) = 9

2.2. Die Datenerfassung

Die Datenerfassung sollte auch nach Fertigstellung des Kodierplanes nicht unmittelbar von den Fragebogen aus erfolgen, da hierbei Fehler bei der Spaltenzuordnung wahrscheinlich werden. Obwohl das Verfahren etwas zeitaufwendiger ist, hat sich folgendes Vorgehen auch bei größeren Datenmengen bewährt. Die Übertragung von den Fragebogen erfolgt zunächst auf Kodierbögen. Diese Kodierbögen haben in der Regel zwischen 20 und 30 Zeilen. Jede Zeile hat 80 Spalten und entspricht damit einer Zeile des Bildschirmes. Die eigentliche Datenerfassung sollte dann von diesem Kodierbogen erfolgen.

Grundsätzlich gibt es zwei Möglichkeiten der Datenerfassung:

1. mit Hilfe eines Texteditors auf eine Datei, die in der Regel auf einer Magnetplatte liegt.

2. über die Datenerfassungsmaske eines Datenbanksystems.

Das gängige Verfahren dürfte in der Regel die Eingabe über einen Editor sein. Es erfordert einige (meist geringfügige) Kenntnisse des Betriebssystems und Kenntnisse des vorhandenen Editors. (Die Konzeption der Editoren ist von der jeweiligen Maschine und vom Betriebssystem abhängig unterschiedlich.)

Die Eingabe und Fehlerkorrektur ist einfach und schnell. Die Verwendung von Editoren zur Datenerfassung kann allgemein empfohlen werden. Auch SPSS-Steuerkartendateien können mit Hilfe des Editors schnell und einfach erstellt werden.

Wer allerdings tiefer in die EDV eindringen und mehr als nur eine Auswertung durchführen will, sollte sich mit einem der gängigen Datenbanksysteme vertraut machen. Damit sind sehr viel elegantere und flexiblere Auswertungsstrategien möglich. Die Datenverwaltung erfolgt in diesem Falle innerhalb des Datenbanksystems. Die Daten werden für bestimmte Fragestellungen im ASCII-Code oder bereits als SPSS-Systemdatei (von SIR) zur Verfügung gestellt. Arbeitet man mit einem solchen Datenbanksystem, so lassen sich bereits in die Datenerfassung Prüfroutinen integrieren, die Fälle mit fehlerhaften Werten abweisen.

2.3. Erstellung der SPSS-Kommandos

SPSS/PC erlaubt die interaktive Eingabe von Kommandos während einer
Sitzung. Fehlerhafte Kommandos werden mit einer Fehlerdiagnose
zurückgewiesen und sind dann noch einmal vollständig neu einzugeben. Die
eingegebenen Kommandos werden protokolliert, d.h. in eine Datei
geschrieben, den sogenannten "Log-file". Dieses Vorgehen empfiehlt sich
jedoch hauptsächlich für den geübten Benutzer und bei der Eingabe von
wenigen, einfach strukturierten Kommandos.
SPSS-Kommandodateien können ebenso wie die Daten über einen Texteditor in
eine Datei geschrieben werden. Dies ist in der Regel schneller und effektiver als die interaktive Eingabe.

Wir benötigen für unser Problem zwei SPSS-Kommandosätze, die beide im
folgenden dargestellt werden.

Die Datenprüfung (vgl. Kap. 3) wurde vorwiegend mit der folgenden
Kommandodatei vorgenommen, bei der drei beurteilte Bilder einem Fall
entsprechen. Bei der Darstellung dieser Kommandodatei werden in dem
Kommando DATA LIST "Pseudovariablen" mit aufgeführt (als HELP ...
bezeichnet), diese kennzeichnen jeweils Spalten, die nur Leerzeichen
enthalten dürfen. Diese "Pseudovariablen" werden nach der Datenprüfung
eliminiert.

Zunächst wird diese Kommandodatei (für die spätere Systemdatei
TECHGES.SYS) dargestellt. Anschließend folgt die Kommandodatei für die
Datei, in der jede Versuchsperson in drei Fälle aufgespalten
wird (spätere Systemdatei TECHNIK.SYS).
Die eingeklammerten Ziffern werden jeweils nach der Ergebnisliste
erläutert.

```
----------------------------------------------------------------------
SET        echo = on.              --(1)
SET        disk = "result.txt" / --(2)
           printer = off/
           length  = 72 /         --(3)
           width = narrow/         --(4)
           eject = on .            --(5)
INCLUDE    "techge.ste".           --(6)
```

```
title                       "Datenpruefung erster Schritt".
data list           file= "dat1.dat" fixed/      --(7)
                    VPN1 1-2
                    KN1 3
                    HELP11 5                              --(8)
                    SD101 to SD111 6-16,HELP12 17 --(8)
                    VAR11,VAR12 20-21,HELP13 22
                    NAT1 to NAT9 23-31,HELP14 32,
                    VAR13 33, VAR14 35/
                    VPN2 1-2
                    KN2 3
                    HELP21 5
                    SD201 to SD211 6-16,HELP22 17,
                    VAR21,VAR22 20-21/
                    VPN3 1-2
                    KN3 3
                    HELP31 5
                    SD301 to SD311 6-16,HELP32 17,
                    VAR31,VAR32 20-21.
var labels     VPN1,"VERSUCHSPERSONEN-NUMMER"/
         SD101,"dicht-aufgelockert Bild 1"/
         SD102,"vertraut-fremdartig Bild 1"/
         SD103,"eintoenig-vielfaeltig Bild 1"/
         SD104,"technisch-natuerlich Bild 1"/
         SD105,"haesslich-schoen Bild 1"/
         SD106,"monoton-abwechslungsreich Bild 1"/
         SD107,"kuenstlich-urspruenglich Bild 1"/
         SD108,"abstossend-anziehend Bild 1"/
         SD109,"oede-kontrastreich Bild 1"/
         SD110,"entstellt-unverfaelscht Bild 1"/
         SD111,"unfreundlich-freundlich Bild 1"/
         SD201,"dicht-aufgelockert Bild 2"/
         SD202,"vertraut-fremdartig Bild 2"/
         SD203,"eintoenig-vielfaeltig Bild 2"/
         SD204,"technisch-natuerlich Bild 2"/
         SD205,"haesslich-schoen Bild 2"/
         SD206,"monoton-abwechslungsreich Bild 2"/
         SD207,"kuenstlich-urspruenglich Bild 2"/
         SD208,"abstossend-anziehend Bild 2"/
         SD209,"oede-kontrastreich Bild 2"/
         SD210,"entstellt-unverfaelscht Bild 2"/
         SD211,"unfreundlich-freundlich Bild 2"/
         SD301,"dicht-aufgelockert Bild 3"/
         SD302,"vertraut-fremdartig Bild 3"/
         SD303,"eintoenig-vielfaeltig Bild 3"/
         SD304,"technisch-natuerlich Bild 3"/
         SD305,"haesslich-schoen Bild 3"/
         SD306,"monoton-abwechslungsreich Bild 3"/
         SD307,"kuenstlich-urspruenglich Bild 3"/
         SD308,"abstossend-anziehend Bild 3"/
         SD309,"oede-kontrastreich Bild 3"/
         SD310,"entstellt-unverfaelscht Bild 3"/
         SD311,"unfreundlich-freundlich Bild 3"/
         VAR11,"Bildidentifikation 1. Bild"/
         VAR21,"Bildidentifikation 2. Bild"/
         VAR31,"Bildidentifikation 3. Bild"/
```

```
                NAT1,"Gerede nicht mehr hoeren"/
                NAT2,"Strengere Gesetze zum Schutz"/
                NAT3,"Umwelt ist nicht so verschmutzt"/
                NAT4,"Einzeln stehende Hecken & Buesche"/
                NAT5,"Mehr Naturschutzgebiete"/
                NAT6,"Alle Naturschoenheiten werden geopfert"/
                NAT7,"Mehr Informationen in Massenmedien"/
                NAT8,"Strengere Vorschriften zum Naturschutz"/
                NAT9,"Nur Modeerscheinung"/
                VAR13,"Geschlecht"/
                VAR14,"Versuchsgruppe".
VALUE LABELS    SD101 TO SD111, SD201 to SD211 SD301 to SD311
                1"sehr" 2 "ziemlich" 3 "eher als"
                4 "weder noch" 5 "eher als" 6 "ziemlich"  7"sehr"/
                VAR11,VAR21,VAR31 1"S" 2"B-mit" 3"B-ohne" 4"A-mit" 5"A-ohne"/
                NAT1 TO NAT9 1 "sehr niedrig" 2 "niedrig" 3 "mittel" 4 "hoch"
                5 "sehr hoch"/
                VAR13 1 "weiblich" 2 "maennlich".
MISSING VALUES SD101 TO VAR32 (9).
DESCRIPTIVES   ALL/
               OPTIONS = 6/
               STATISTICS = 1,8,10,11.
FINISH.
```

Erläuterungen :

(1) Die Anweisung ECHO = on im SET-Kommando bewirkt, daß die eingebenen
    Kommandos auch in der Ausgabe erscheinen. Dieses Vorgehen wurde
    gewählt, um die Wirkung der einzelnen Kommandos demonstrieren zu
    können. Die Dokumentation der eingegeben Anweisungen in der Ausgabe
    erscheint - Standardlisten ausgenommen - generell sinnvoll. Dieses
    Kommando steht in der Datei "SPSSPROF.INI", diese wird -sofern
    vorhanden- von SPSS/PC gelesen und ausgeführt, bevor der eigentliche
    Dialog beginnt.

(2) Durch das Unterkommando DISK = "result1.txt" wird die Ergebnisliste
    auf den File "result1.txt" geschrieben. (Hier wurde mit der Version
    SPSS/PC gearbeitet. In der Version SPSS/PC+ wurden einige
    Unterkommandos des SET-Kommandos modifiziert, anstelle von DISK=
    lautet das Unterkommando dort LISTING = ; allerdings wird DISK
    weiterhin akzeptiert)
    Das Betriebssystem PC/DOS ermöglicht es, an den bis zu acht Zeichen
    langen File-Nnamen eine drei Zeichen lange Extension anzuhängen.
    Diese Extensionen können dazu verwandt werden, den Typ der Datei zu

kennzeichnen. Wir verwenden die Extension "txt" zur Kennzeichnung von Dateien mit SPSS-Ergebnislisten. Werden die Analysen an Großanlagen mit SPSS-X durchgeführt, so entfällt die Möglichkeit der Extensionen.

(3) Durch das Unterkommando LENGTH = 72 wird die Anzahl der Zeilen pro Seite spezifiziert. Das bedeutet, daß 72 Zeilen pro Seite gedruckt werden. Die Spezifikation der Druckzeilen pro Seite ist für den korrekten Seitenvorschub bedeutsam.

(4) Diese Unterkommando spezifiziert das Format der Druckausgabe. WIDTH = narrow (entspricht WIDTH = 79) bedeutet, daß 79 Zeichen pro Zeile ausgegeben werden, d. h. das Ausgabeformat entspricht DIN A4. WIDTH = wide (entspricht WIDTH = 132) bewirkt, daß 132 Zeichen pro Zeile ausgegeben werden.

(5) Das Unterkommando EJECT = on bewirkt, daß der Seitenvorschub eingeschaltet ist. EJECT = off bewirkt eine fortlaufende Druck-ausgabe ohne die Steuerzeichen für den Seitenvorschub.

(6) Mit Hilfe des INCLUDE- Kommandos wird die Steuer-Datei "techge.ste" eingelesen. Diese enthält Datendefinitions- und Datendeskriptions-anweisungen, sowie den Aufruf für die Prozedur zur deskriptiven Datenauswertung.

(7) über das DATA LIST-Kommando wird definiert, welche Datei die SPSS-Rohdaten enthält. In unserem Fall stehen die Rohdaten in dem File "DAT1.DAT". Die korrigierten (fehlerfreien) Daten sind in der Datei "DATEN.DAT" enthalten. Generell erscheint es zweckmäßig, Rohdatendateien konsistent mit der gleichen Extension zu kennzeichnen, wir haben hierfür die Extension .DAT gewählt.

(8) Die Variablen HELP.. werden nur zur Datenprüfung eingeführt und anschließend wieder gelöscht.

Der zweite Kommando-file, bei dem die Daten einer Versuchsperson in drei
Fälle aufgespalten werden, sieht wie folgt aus :

```
--------------------------------------------------------------------------
SET         echo = on.
SET         disk = "result.txt" /
            printer = off/
            length  = 72/
            width = narrow/
            eject = on .
INCLUDE     "teche.ste".
```

Der durch INCLUDE eingelesene File teche.ste enthält folgende Anweisungen :

```
title               "Technische Elemente in der Landschaft".
data list      file= "daten.dat" fixed/
            VPN 1-2
            KN 3, SD01 to SD11 6-16,VAR1,VAR2 20-21,
            NAT1 to NAT9 23-31,VAR3 33, VAR4 35.
var labels     VPN,"VERSUCHSPERSONEN-NUMMER"/
            KN,"KARTENNUMMER"/
            SD01,"dicht-aufgelockert"/
            SD02,"vertraut-fremdartig"/
            SD03,"eintoenig-vielfaeltig"/
            SD04,"technisch-natuerlich"/
            SD05,"haesslich-schoen"/
            SD06,"monoton-abwechslungsreich"/
            SD07,"kuenstlich-urspruenglich"/
            SD08,"abstossend-anziehend"/
            SD09,"oede-kontrastreich"/
            SD10,"entstellt-unverfaelscht"/
            SD11,"unfreundlich-freundlich"/
            VAR1,"Bildidentifikation"/
            VAR2,"Sequenznummer"/
            NAT1,"Gerede nicht mehr hoeren"/
            NAT2,"Strengere Gesetze zum Schutz"/
            NAT3,"Umwelt ist nicht so verschmutzt"/
            NAT4,"Einzeln stehende Hecken & Buesche"/
            NAT5,"Mehr Naturschutzgebiete"/
            NAT6,"Alle Naturschoenheiten werden geopfert"/
            NAT7,"Mehr Informationen in Massenmedien"/
            NAT8,"Strengere Vorschriften zum Naturschutz"/
            NAT9,"Nur Modeerscheinung"/
            VAR3,"Geschlecht"/
            VAR4,"Versuchsgruppe".
VALUE LABELS   SD01 TO SD11 1"sehr" 2 "ziemlich" 3 "eher als"
            4 "weder noch" 5 "eher als" 6 "ziemlich"  7"sehr"/
            VAR1 1  "S" 2 "B-mit" 3 "B-ohne" 4 "A-mit" 5 "A-ohne"/
            NAT1 TO NAT9 1 "sehr niedrig" 2 "niedrig" 3 "mittel" 4 "hoch"
            5 "sehr hoch"/
            VAR3 1 "weiblich" 2 "maennlich".
MISSING VALUES SD01 TO VAR3 (9).
FREQUENCIES    VARIABLES=KN TO VAR4/
               STATISTICS =ALL.
FINISH.
```

3. Datenprüfung

Auch bei größter Sorgfalt ist es fast unvermeidbar, daß Fehler bei der
Datenerfassung auftreten. Je nach der Art der Fehler können daraus zum
Teil weitreichende Konsequenzen resultieren. Es ist deshalb zweckmäßig,
vor dem Anlegen von SPSS-Systemdateien eine Datenprüfung vorzunehmen und
die erkannten Fehler zu korrigieren.

3.1. Mögliche Fehler und deren Konsequenzen

Um die von uns vorgeschlagene Strategie der Datenprüfung besser
nachvollziehen zu können, wollen wir uns zunächst mit möglichen
Fehlerquellen und deren Auswirkungen im Datensatz beschäftigen.

a) Man vertippt sich bei der Datenerfassung und schreibt z.B. "4"
   statt "6". Wenn sowohl "4" als auch "6" gültige Werte sind, so
   wird mit dem falschen Wert gerechnet. Derartige Fehler sind mit
   den von uns vorgestellten Prüfstrategien nicht erkennbar. Hier
   kann nur ein sehr zeitaufwendiger Vergleich des Datensatzes mit
   den Kodierbögen zur Fehlersuche angewendet werden.
   Anders ist es jedoch, wenn der fälschlich eingegebene Wert außerhalb
   des zulässigen Wertebereichs liegt. Dann kann durch die Prüfung der
   tatsächlichen Minima und Maxima eine solche Fehleingabe erkannt werden.

b) Bei langen Zahlenkolonnen kann es gelegentlich passieren, daß man eine
   Ziffer bei der Erfassung ausläßt. Reicht eine derartige Zahlenreihe
   beispielsweise von der Spalte 6 bis zur Spalte 16, so bewirkt das
   Auslassen einer Ziffern, daß die Kolonne in der Spalte 15 endet.
   Spalte 16 bleibt dann frei.

c) Ebenso kann es bei längeren Zahlenreihen vorkommen, daß eine
   Ziffer doppelt erfaßt wird. Dies hat zur Folge, daß die Zahlenkolonne erst in Spalte 17 endet. Diese ist jedoch als Leerspalte
   vorgesehen.

d) Man beginnt eine Spalte zu früh oder zu spät mit der Erfassung einer
Zahlenreihe. Dies führt dazu, daß die Zahlenkolonne um eine Spalte
nach rechts oder links verschoben wird. Dieser Fehler kann durch die
Verwendung von Tabulatoren meist verhindert werden.

e) Datenzeilen werden nicht erfaßt oder versehentlich (z.B. nach einer
Korrektur) nicht aus dem Datensatz entfernt. Dies kann dazu führen,
daß beispielsweise die erste Karte der Versuchsperson 20 als dritte
Zeile der Versuchsperson 19 eingelesen und zugeordnet wird.

Es ist einsichtig, daß derartige Fehler zu irreführenden Ergebnissen
führen können. Wir wollen uns deshalb mit den Möglichkeiten der
Datenprüfung beschäftigen, die SPSS bietet.

3.2. Gesichtspunkte möglicher Datenprüfungen

Wie bereits bei der Darstellung möglicher Fehlerquellen besprochen,
lassen sich nur solche Fehler mit Hilfe unseres Vorgehens identifizieren,
bei denen Variablen (logisch) unzulässige Werte annehmen.

Im einzelnen kann man folgende Fehlermöglichkeiten überprüfen:

a) Bewegt sich der Wert für eine Variable im zulässigen Wertebereich? Der
Wert für jede Polarität des Semantischen Differentials darf nur
zwischen "1" und "7" für gültige Antworten und "9" für fehlende Werte
betragen. "0" oder "8" deuten auf einen Fehler im Datensatz hin.
Ebenso sind für die Bildidentifikation nur die Werte "1" bis "5"
zulässig. Alle anderen Werte indizieren einen Fehler. (Achtung: Für
die Bildidentifikation darf kein fehlender Wert "9" auftreten.)

b) Treten die Werte für bestimmte Variablen in einer vorgegebenen
Häufigkeit auf? Für die Versuchspersonen-Nummer darf jeder Wert
nur einmal auftreten (für TECHGES). Da die Werte lückenlos von
"1" bis "80" gehen, entsteht eine Rechteckverteilung. Da Recht-
eckverteilungen symmetrisch sind, beträgt die Schiefe einer
solchen Verteilung 0.0. Davon abweichende Werte deuten auf einen
Fehler hin.

c) Man kann prüfen, ob die Leerstelle vor und nach Zahlenreihen tatsächlich leer sind. In diesem Fall dürften die Hilfsvariablen
   (HELP...), die diese Leerstellen kennzeichnen, nur den Wert "0"
   aufweisen. (Achtung: bei manchen Versionen erfolgt eine
   maschinenabhängige Verarbeitung z.B. an CDC-Maschinen wurden
   Blanks in den Version SPSS6 bis SPSS9 als "-0" dargestellt.)
   Hier indizieren Werte ungleich "0" einen Fehler.

Der erste Schritt der Datenprüfung besteht also darin, gemäß den vorstehenden Überlegungen eine Häufigkeitsauszählung durchzuführen, um zu
prüfen, ob Fehler in den Daten enthalten sind. Dabei sollten auch die
Versuchspersonen-Nummern (in jeder Zeile), die Zeilen-Nummern sowie die
Leerspalten vor und nach Zahlenreihen als Variablen definiert werden. Um
die Druckausgabe in Grenzen zu halten, empfiehlt es sich mit der Prozedur
DESCRIPTIVES unter Angabe der Statistiken 1 (= arith. Mittel),
8 (= Schiefe), 10 (= Minimum), 11 (= Maximum) zu arbeiten. Damit erhält
man die gemäß unseren Überlegungen relevanten Informationen. Dies zeigt
die folgende Ergebnisliste, die ausschnittweise wiedergegeben ist. Die
eingeklammerten Ziffern werden nach der Liste erläutert.

```
include "techge.ste".
TITLE        "Datenpruefung erster Schritt".
DATA LIST      file= "dat1.dat" fixed/
          VPN1 1-2                                    --(1)
          KN1 3                                       --(2)
          HELP11 5                                    --(3)
          SD101 to SD111 6-16,HELP12 17,
          VAR11,VAR12 20-21,HELP13 22,NAT1 to NAT9 23-31,HELP14 32,
          VAR13 33, VAR14 35/
          VPN2 1-2                                    --(1)
          KN2 3                                       --(2)
          HELP21 5                                    --(3)
          SD201 to SD211 6-16,HELP22 17,
          VAR21,VAR22 20-21/
          VPN3 1-2                                    --(1)
          KN3 3                                       --(2)
          HELP31 5
          SD301 to SD311 6-16,HELP32 17,          --(3)
          VAR31,VAR32 20-21.
var labels     VPN1,"VERSUCHSPERSONEN-NUMMER"/
          SD101,"dicht-aufgelockert Bild 1"/
          SD102,"vertraut-fremdartig Bild 1"/
          SD103,"eintoenig-vielfaeltig Bild 1"/
          SD104,"technisch-natuerlich Bild 1"/
          SD105,"haesslich-schoen Bild 1"/
          SD106,"monoton-abwechslungsreich Bild 1"/
          SD107,"kuenstlich-urspruenglich Bild 1"/
          SD108,"abstossend-anziehend Bild 1"/
          SD109,"oede-kontrastreich Bild 1"/
          SD110,"entstellt-unverfaelscht Bild 1"/
          SD111,"unfreundlich-freundlich Bild 1"/
          SD201,"dicht-aufgelockert Bild 2"/
          SD202,"vertraut-fremdartig Bild 2"/
          SD203,"eintoenig-vielfaeltig Bild 2"/
          SD204,"technisch-natuerlich Bild 2"/
          SD205,"haesslich-schoen Bild 2"/
          SD206,"monoton-abwechslungsreich Bild 2"/
          SD207,"kuenstlich-urspruenglich Bild 2"/
          SD208,"abstossend-anziehend Bild 2"/
          SD209,"oede-kontrastreich Bild 2"/
          SD210,"entstellt-unverfaelscht Bild 2"/
          SD211,"unfreundlich-freundlich Bild 2"/
          SD301,"dicht-aufgelockert Bild 3"/
          SD302,"vertraut-fremdartig Bild 3"/
          SD303,"eintoenig-vielfaeltig Bild 3"/
          SD304,"technisch-natuerlich Bild 3"/
          SD305,"haesslich-schoen Bild 3"/
          SD306,"monoton-abwechslungsreich Bild 3"/
          SD307,"kuenstlich-urspruenglich Bild 3"/
          SD308,"abstossend-anziehend Bild 3"/
          SD309,"oede-kontrastreich Bild 3"/
          SD310,"entstellt-unverfaelscht Bild 3"/
          SD311,"unfreundlich-freundlich Bild 3"/
          VAR11,"Bildidentifikation 1. Bild"/
          VAR21,"Bildidentifikation 2. Bild"/
          VAR31,"Bildidentifikation 3. Bild"/
```

```
                NAT1,"Gerede nicht mehr hoeren"/
                NAT2,"Strengere Gesetze zum Schutz"/
                NAT3,"Umwelt ist nicht so verschmutzt"/
                NAT4,"Einzeln stehende Hecken & Buesche"/
                NAT5,"Mehr Naturschutzgebiete"/
                NAT6,"Alle Naturschoenheiten werden geopfert"/
                NAT7,"Mehr Informationen in Massenmedien"/
                NAT8,"Strengere Vorschriften zum Naturschutz"/
                NAT9,"Nur Modeerscheinung"/
                VAR13,"Geschlecht"/
                VAR14,"Versuchsgruppe".
VALUE LABELS    SD101 TO SD111, SD201 to SD211 SD301 to SD311
                1"sehr" 2 "ziemlich" 3 "eher als"
                4 "weder noch" 5 "eher als" 6 "ziemlich" 7"sehr"/
                VAR11,VAR21,VAR31 1"S" 2"B-mit" 3"B-ohne" 4"A-mit" 5"A-ohne"/
                NAT1 TO NAT9 1 "sehr niedrig" 2 "niedrig" 3 "mittel" 4 "hoch"
                5 "sehr hoch"/
                VAR13 1 "weiblich" 2 "maennlich".
MISSING VALUES SD101 TO VAR32 (9).
DESCRIPTIVES   ALL/
The raw data or transformation pass is proceeding

WARNING    77                                        --(4)
NOT ENOUGH RECORDS FOUND TO BUILD A CASE--The DATA LIST specifies more
than one record per case and not enough records were found to build the
last case.  The partial case is dropped.  Use LIST to examine your cases.

SPSS/PC has written     80 cases to the active file    --(5)
               OPTIONS = 6/
               STATISTICS = 1,8,10,11.
```

26

Number of Valid Observations (Listwise) =   73.00
Variable VPN1   VERSUCHSPERSONEN-NUMMER

Mean	40.075	Skewness	-.010 --(7)
S.E. Skew	.269	Minimum	1.000
Maximum	79.000 --(6)		
Valid Observations -	80	Missing Observations -	0

- -

Variable KN1

Mean	1.850 --(8)	Skewness	.309
S.E. Skew	.269	Minimum	1.000
Maximum	3.000 --(9)		
Valid Observations -	80	Missing Observations -	0

- -

Variable HELP11

Mean	0.0 --(10)	Skewness	.
S.E. Skew	.	Minimum	0.0
Maximum	0.0		
Valid Observations -	80	Missing Observations -	0

- -

Variable SD101   dicht-aufgelockert Bild 1

Mean	4.438	Skewness	-.304
S.E. Skew	.269	Minimum	1.000
Maximum	7.000		
Valid Observations -	80	Missing Observations -	0

- -

Variable SD102   vertraut-fremdartig Bild 1

Mean	2.613	Skewness	.825
S.E. Skew	.269	Minimum	1.000
Maximum	6.000		
Valid Observations -	80	Missing Observations -	0

- -

Page   4   Datenpruefung erster Schritt
10/15/85
 Number of Valid Observations (Listwise) =   73.00
 Variable   HELP12

Mean   .075   --(10)   Skewness   8.944
S.E. Skew   .269   Minimum   0.0
Maximum   6.000   --(10)
 Valid Observations -   80   Missing Observations -   0
- -
 Variable   VAR11   Bildidentifikation 1. Bild

Mean   1.763   Skewness   1.108
S.E. Skew   .269   Minimum   0.0   --(12)
Maximum   4.000
 Valid Observations -   80   Missing Observations -   0
- -
 Variable   VAR12

Mean   1.838   Skewness   .336
S.E. Skew   .269   Minimum   1.000
Maximum   3.000
 Valid Observations -   80   Missing Observations -   0
- -
 Variable   HELP13

Mean   .050   --(11)   Skewness   7.880
S.E. Skew   .269   Minimum   0.0
Maximum   3.000   --(11)
 Valid Observations -   80   Missing Observations -   0
- -
 Variable   NAT1   Gerede nicht mehr hoeren

Mean   4.513   Skewness   -2.436
S.E. Skew   .269   Minimum   0.0   --(12)
Maximum   5.000
 Valid Observations -   80   Missing Observations -   0
- -
 Variable   NAT2   Strengere Gesetze zum Schutz

Mean   4.100   Skewness   -1.070
S.E. Skew   .269   Minimum   1.000
Maximum   5.000
 Valid Observations -   80   Missing Observations -   0
- -
 Variable   NAT3   Umwelt ist nicht so verschmutzt

Mean   4.650   Skewness   -1.934
S.E. Skew   .269   Minimum   2.000
Maximum   5.000
 Valid Observations -   80   Missing Observations -   0

(1) Die Variablen VPN1, VPN2 und VPN3 enthalten die Versuchspersonen-
     Nummern. Für einen Fall müssen diese drei Variablen den gleichen
     Wert aufweisen.

(2) Die Variablen KN1, KN2 und KN3 enthalten die Zeilennummern für
     jeden Fall. KN1 darf demzufolge nur den Wert "1"; KN2 nur den
     Wert "2" und KN3 nur den Wert "3" enthalten.

(3) Die "Pseudovariable" HELP11 kennzeichnet die Leerstelle vor den
     Daten des ersten Semantischen Differentials; nur der Wert "0"
     ist zulässig. Das gleiche gilt auch für die Variablen HELP12 bis
     HELP32.

(4) Die Warnung besagt, daß bei mehr als einer Datenzeile (Record) pro
     Fall für den letzten Fall weniger Datensätze zur Verfügung stehen
     als in der DATA LIST spezifiziert wurden. Dies deutet daraufhin, daß
     entweder eine Datenzeile nicht oder eine doppelt erfaßt wurde.

(5) Hier erfolgt die Meldung, daß 80 Fälle verarbeitet werden, zusammen
     mit der vorstehenden Meldung bedeutet dies, daß ein oder zwei Zeilen
     zuviel erfaßt wurden; diese wurden vermutlich nach der Korrektur
     nicht aus der Datei entfernt.

(6) Die Schiefe (SKEWNESS) für die Variable VPN1 müßte 0.0. betragen
     (Gleichverteilung). Der abweichende Wert deutet ebenfalls darauf
     hin, daß entweder eine Zeile vergessen wurde oder zuviel erfaßt
     wurde.

(7) Das Maximum müßte "80" betragen, zusammen mit (4) weist dies darauf
     hin, daß mindestens eine Zeile zuviel erfaßt wurde.

(8) und (9) Der Mittelwert für die Variable KN1 müßte 1.00 betragen,
     das Maximum müßte gleich dem Minimum (= 1.0) sein. Dies bestä-
     tigt die Diagnose von (4) und (5).

(10) Die Pseudovariable HELP12 enthält in mindestens einem Fall einen Wert ungleich Null. Dies spricht für Spaltenverschiebungen.

(11) Die Pseudovariable HELP13 enthält nur Leerspalten.

(12) Der Wert "0" darf weder für VAR11 noch für NAT1 auftreten. Dies läßt darauf schließen, daß einige Variablen in falschen Spalten erfaßt wurden.

Wir haben auf diese Weise die Informationen erhalten, daß Fehler in unserem Datensatz enthalten sind. Besonders bei sehr großen Datenmengen ist es nun wichtig, diese Fehler zu lokalisieren, um die Korrekturen vornehmen zu können.

3.3. Strategien zur Fehlersuche

Die vorgeschlagenen Fehlersuchstrategien beruhen im Prinzip darauf, daß eine Markierung gesetzt wird, wenn eine Variable einen unzulässigen Wert annimmt. Anhand dieser Markierungen können die fehlerhaften Fälle ausgewählt und aufgelistet werden.

Zunächst versuchen wir jene Datenzeile zu finden, die fälschlicherweise doppelt eingegeben wurde. Dazu müssen wir wissen, daß von SPSS/PC intern eine Variable $CASENUM angelegt wird. In dieser werden die Fälle in aufsteigender Reihenfolge durchnummeriert. Die Variable $CASENUM müßte also die gleichen Werte aufweisen wie die Variablen VPN1, VPN2 und VPN3. An der Stelle, an der die Werte zum ersten Mal nicht übereinstimmen, wurde vergessen, eine Zeile zu eliminieren. Fälle, in denen $CASENUM nicht mit VPN1, VPN2 oder VPN3 übereinstimmt, können durch folgende Anweisungen identifiziert werden:

```
COMPUTE FEHL01 = 0.
IF    ($CASENUM NE VPN1)   FEHL01=1.
IF    ($CASENUM NE VPN2)   FEHL01=FEHL01+1.
IF    ($CASENUM NE VPN3)   FEHL01=FEHL01+1.
```

Die Variable FEHLO1 hat den Wert "0", solange die Variable $CASENUM den
gleichen Wert aufweist wie VPN1, VPN2 und VPN3, ansonsten nimmt FEHLO1
einen Wert zwischen "1" und "3" an. Die generelle Vorbesetzung der
Variable FEHLO1 mit "0" ist erforderlich, da SPSS/PC im Gegensatz zu
früheren SPSS-Versionen nicht-initiierte Variable mit dem Wert für
System-Missing belegt. Analog können auch die Zeilennummern KN1 bis KN3
auf Stimmigkeit geprüft werden:

```
COMPUTE   FEHLO2 = 0.
COMPUTE   FEHLO3 = 0.
COMPUTE   FEHLO4 = 0.
IF   (KN1 NE 1) FEHLO2=1.
IF   (KN2 NE 2) FEHLO3=1.
IF   (KN3 NE 3) FEHLO4=1.
```

Die Variable FEHLO2 bis FEHLO4 haben den Wert "0", wenn die Zeilen in der
richtigen Reihenfolge kommen. Andernfalls hat mindestens eine der drei
Variablen den Wert "1".

Für die Polaritäten des Semantischen Differentials könnte man ebenfalls
mit IF abfragen, ob die Werte im zulässigen Bereich liegen. Dies ist
jedoch relativ umständlich und erfordert viel Schreibaufwand. Einfacher
ist es mit Hilfe der COUNT-Anweisung, eine Zählvariable (FEHLSD)
einzuführen, die den Wert "0" hat, falls alle Polaritäten zulässige Werte
haben. Ebenso kann auch für die Variablen NAT1 bis NAT9 (Zählvariable
FEHLNAT) verfahren werden, da diese nur Werte von "1" bis "5" annehmen
dürfen. Die "Pseudovariablen" HELP... dürfen nur den Wert "0" annehmen,
auch hier kann die COUNT-Anweisung verwandt werden (Zählvariable
FEHLHELP). Da für das Geschlecht (VAR13) und die Zugehörigkeit zu einer
Versuchsgruppe (VAR14) unterschiedliche gültige Wertebereiche relevant
sind, ist hierfür die Verwendung von IF-Anweisungen günstiger.

Die folgenden Zeilen enthalten die hier besprochenen Prüfanweisungen:

```
*         Pruefung auf erlaubten Wertebereich.
COUNT     FEHLSD=SD101 TO SD111,SD201 TO SD211,SD301 TO SD311 (0,8)/
          FEHLNAT=NAT1 TO NAT9 (0,6,7,8)/
          FEHLHELP=HELP11, HELP12, HELP13, HELP14, HELP21, HELP22
          HELP31, HELP32 (1 THRU HI).
IF        (VAR13 GT 2 AND VAR13 LT 9) FEHLSEX=1.
IF        (VAR14 LT 1 OR VAR14 GT 4) FEHLGR=1.
```

Damit sind alle Anweisungen formuliert, um die im ersten Schritt diagno-
stizierten Fehler erkennen zu können. Nun ist es wichtig, die fehlerhaften Fälle auszusondern und aufzulisten. Dazu bilden wir zunächst die
Summe über alle von uns definierten FEHL..-Variablen. Dafür wird mit
Hilfe der COMPUTE-Anweisung die Variable FEHLER erzeugt. Diese hat den
Wert "0" für fehlerfreie Fälle, für fehlerhafte Fälle den Wert "1" oder
größer. Wir können also mit dem SELECT IF Kommando alle Fälle aus-
sondern, die für die Variable Fehler einen Wert von größer als "0"
aufweisen.

Für diese Fälle können wir uns nun nähere Informationen ausgeben lassen:
Bedeutsam ist zunächst die SPSS-intern erzeugte Variable $CASENUM, um den
Fall in der Datei lokalisieren zu können. Eine genauere Diagnose, welche
Fehler vorliegen, erhalten wir, wenn wir uns zusätzlich die Werte der von
uns erzeugten Variablen FEHL... ausgeben lassen.

Dies ist mit dem Kommando LIST möglich. Gemäß diesen Überlegungen
schreiben wir folgende Anweisungen:

```
COMPUTE      FEHLER=FEHL01+FEHL02+FEHL03+FEHL04+FEHLSD
             +FEHLNAT+FEHLSEX+FEHLGR.
SELECT IF    (FEHLER gt 0).
LIST         VARIABLES=$CASENUM,FEHL01 to FEHLGR/
             CASES = from 1 to 80.
```

Im Folgenden sehen wir Ausschnitte aus der Liste der SPSS-Sitzung, in der die
Fehlersuche auf die beschriebene Weise vorgenommen wurde.

```
COMPUTE       FEHL01 = 0.                                          --(1)
COMPUTE       FEHL02 = 0.
COMPUTE       FEHL03 = 0.
COMPUTE       FEHL04 = 0.
COMPUTE       FEHLSEX = 0.
COMPUTE       FEHLGR = 0.                                          --(1)
IF        ($CASENUM ne VPN1) FEHL01=1.                             --(2)
IF        ($CASENUM ne VPN2) FEHL01=FEHL01+1.
IF        ($CASENUM ne VPN3) FEHL01=FEHL01+1.
IF        (KN1 ne 1) FEHL02=1.
IF        (KN2 ne 2) FEHL03=1.
IF        (KN3 ne 3) FEHL04=1.
COUNT         FEHLSD=SD101 TO SD111(0,8)/
          FEHLNAT=NAT1 TO NAT9(0,6,7,8)/
          FEHLHELP=HELP11,HELP12,HELP13,HELP14,HELP21,HELP22       --(3)
          HELP31,HELP32(1 thru HI).
IF        (VAR13 gt 2 and VAR13 lt 9) FEHLSEX=1.
IF        (VAR14 lt 1 or VAR14 gt 4) FEHLGR=1.
COMPUTE       FEHLER=FEHL01+FEHL02+FEHL03+FEHL04+FEHLSD            --(4)
          +FEHLNAT+FEHLSEX+FEHLGR.
SELECT IF     (FEHLER gt 0).
LIST          VARIABLES=$CASENUM,FEHL01 to FEHLGR/
The raw data or transformation pass is proceeding
```

WARNING   77
NOT ENOUGH RECORDS FOUND TO BUILD A CASE--The DATA LIST specifies more
than one record per case and not enough records were found to build the
last case. The partial case is dropped. Use LIST to examine your cases.

```
SPSS/PC has written      36 cases to the active file              --(5)
          CASES = from 1 to 80.
The VARIABLES are listed in the following order:                  --(6)

Line   1: $CASENUM FEHL01 FEHL02 FEHL03 FEHL04 FEHLSD FEHLNAT

Line   2: FEHLHELP FEHLSEX FEHLGR
```

Page   2   Datenpruefung zweiter Schritt
10/19/85

$CASENUM:	4	0.0	0.0	0.0	0.0	0.0	1.00
FEHLHELP:	3.00	0.0	1.00			--(7)	
$CASENUM:	13	0.0	0.0	1.00	0.0	0.0	0.0
FEHLHELP:	1.00	0.0	0.0			--(8)	
$CASENUM:	47	1.00	1.00	1.00	1.00	0.0	0.0
FEHLHELP:	0.0	0.0	0.0			--(9)	
$CASENUM:	48	1.00	1.00	1.00	1.00	0.0	0.0
FEHLHELP:	0.0	0.0	0.0			--(10)	
$CASENUM:	49	1.00	1.00	1.00	1.00	0.0	0.0
FEHLHELP:	0.0	0.0	0.0				
$CASENUM:	50	1.00	1.00	1.00	1.00	0.0	0.0
FEHLHELP:	0.0	0.0	0.0				
$CASENUM:	51	1.00	1.00	1.00	1.00	0.0	0.0
FEHLHELP:	0.0	0.0	0.0				
$CASENUM:	52	1.00	1.00	1.00	1.00	0.0	0.0
FEHLHELP:	0.0	0.0	0.0				
$CASENUM:	53	1.00	1.00	1.00	1.00	0.0	0.0
FEHLHELP:	0.0	0.0	0.0				

----

(1) Wie bereits im vorstehenden Text ausgeführt, ist die Vorbesetzung
der Variablen mit O erforderlich, denen über das IF-Kommando Werte
zugewiesen werden, da sonst bei Nichtzutreffen der IF-Bedingung die
Kennzeichnung fehlender Wert (SYSMIS) vergeben wird. Für Variablen,
die über die COUNT-Anweisung erzeugt werden, ist dies nicht erforderlich.

(2) Mit diesen Anweisungen wird die korrekte Abfolge der Datenzeilen
geprüft. Fehler bei den Variablen FEHL01 bis FEHL04 lassen darauf
schließen, daß Zeilen vertauscht, doppelt gespeichert oder
ausgelassen wurden.

(3) Mit diesen Anweisungen wird die Einhaltung des zulässigen Wertebereichs geprüft.

(4) Mit diesen Anweisungen werden fehlerhafte Fälle ausgesondert und die Werte für die spezifizierten Variablen aufgelistet.

(5) SPSS/PC meldet, daß aufgrund der Selektions-Anweisung 36 Fälle, die fehlerhafte Werte enthalten, in den aktiven File aufgenommen worden sind.

(6) Darstellung der Reihenfolge, in der die Variablen ausgegeben werden.

(7) Die ersten Fehler treten beim vierten Fall des Datensatzes auf ($CASENUM = 4). Drei Spalten, die eigentlich leer sein müßten, enthalten Informationen (FEHLHELP=3). Ein Item zur Erfassung des naturschutzbezogenen Interesses enthält einen unzulässigen Wert (FEHLNAT=1). Ebenso ist die Gruppenzuordnung falsch (FEHLGR=1).

(7) Die nächsten Fehler treten beim Fall 13 auf. Hier weisen FEHLSD und FEHLHELP den Wert "1" auf; das deutet darauf hin, daß eine Reihe der Polaritäten des Semantischen Differentials um eine Spalte (nach links oder rechts) verschoben wurde. Außerdem ist die Zeilennummer der Zeile 2 (FEHLO3=1) fehlerhaft.

(8) Ab dem Fall 47 weisen alle Fälle für die Variablen FEHLO1 bis FEHLO4 den Wert "1" auf. Dies deutet darauf hin, daß beim Fall 46 eine fehlerhafte Zeile im Datensatz erhalten blieb, obwohl die korrigierte eingefügt wurde.

(9) Bei den nun folgenden Fällen handelt es sich wahrscheinlich um Folgefehler, wenn nur die Variablen FEHLO1 bis FEHLO4 einen größeren Wert als "0" haben.

Wir können uns nun zur Fehlersuche den aufgelisteten Rohdaten zuwenden. Hier werden aus Platzgründen nur die ersten zwei Seiten des Datensatzes dargestellt, die die Fehler (4) bis (8) enthalten.
Da sich der Fehler (8) bis zum Dateiende durchzieht, ist es zweckmäßig, zunächst die Fehler (6) / (7) zu suchen und zu korrigieren, um dann mit den gleichen SPSS-Steuerkarten noch einmal eine Fehlersuche vorzunehmen.

```
011   32656656556    11  545434545  1 1
012   23222332422    42  545434545  1 1
013   52465456456    33  545434545  1 1
021   53466456556    11  555455555  2 1
022   53455455545    42  555455555  2 1
023   63565566566    33  555455555  2 1
031   51666636556    11  555555455  1 1
032   57111211111    42  555555455  1 1
033   65235225335    33  555555455  1 1
041   515666556556   11  354554554  1 1
042   53534454534    42  354554554  1 1
043   52366366565    33  354554554  1 1
051   52566577556    11  555343453  2 1
052   42622612322    42  555343453  2 1
053   52364444344    33  555343453  2 1
061   22476466455    11  555454555  2 1
062   55423413622    42  555454555  2 1
063   62464355354    33  555454555  3 1
071   61767767667    11  555534555  2 1
072   63413412312    42  555534555  2 1
073   32577556557    33  555534555  2 1
081   62666666666    11  555545555  2 1
082   67613612622    42  555545555  2 1
083   63365365563    33  555545555  2 1
091   52555335445    11  555555455  1 1
092   53322622522    42  555555455  1 1
093   52355335335    33  555555455  1 1
101   36373253253    11  445322145  1 1
102   53535545555    42  445322145  1 1
103   53365365466    33  445322145  1 1
111   22556646656    11  555554455  2 1
112   56611512212    42  555554455  2 1
113   42676677667    33  555554455  2 1
121   11777777747    11  555555555  1 1
122   43311211322    42  555555555  1 1
123   66352252335    33  555555555  1 1
131   63577566566    11  444552345  1 1
134   43433434434    42  444552345  1 1
133   63456566466    33  444552345  1 1
141   53477567567    11  544353544  2 1
142   43512543622    42  544353544  2 1
143   44476566566    33  544353544  2 1
151   62677667666    11  544531345  2 1
152   53524525525    42  544531345  2 1
153   52555556555    33  544531345  2 1
161   31533225345    11  525554525  2 1
162   62112112221    42  525554524  2 1
163   63366546536    33  525554524  2 1
171   52577576666    11  435543445  2 1
172   25522422622    42  435543445  2 1
173   53576576566    33  435543445  2 1
181   52566646556    11  554555555  1 1
182   71645655665    42  554555555  1 1
183   71567666567    33  554555555  1 1
191   72677777756    11  554555555  2 1
192   65322323322    42  554555555  2 1
193   71373364355    33  554555555  2 1
201   72275556267    11  555525555  1 1
202   62121334313    42  555525555  1 1
203   62365365367    33  555525555  1 1
```

siehe
(4)------(1)

siehe
(5)------(2)

281	45365356565	11	544454444	1	2
282	45333523633	22	544454444	1	2
283	46633623522	53	544454444	1	2
291	61666556666	11	555553553	2	2
292	41556555675	22	555553553	2	2
293	71735534546	53	555553553	2	2
301	21565556556	11	555555553	9	2
302	51322333313	22	555555553	9	2
303	51535544533	53	555555553	9	2
311	61666556656	11	335555534	1	2
312	63223124233	22	335555534	1	2
313	62766766766	53	335555534	1	2
321	21324525532	11	545555555	1	2
322	52511321722	22	545555555	1	2
323	75521522622	53	545555555	1	2
331	32665755666	11	555555554	1	2
332	44315535415	22	555555554	1	2
333	45633646616	53	555555554	1	2
341	62666666656	11	515444455	2	2
342	61546556646	22	515444455	2	2
343	45534534545	53	515444455	2	2
351	32394356365	11	555535555	2	2
352	62334554535	22	555535555	2	2
353	63533355555	53	555535555	2	2
361	52566656565	11	545532545	2	2
362	33411331311	22	545532545	2	2
363	33543554533	53	545532545	2	2
371	52677677576	11	445554344	2	2
372	62333433323	22	445545344	2	2
373	72666566466	53	445554344	2	2
381	52476365456	11	545552344	2	2
382	53332432422	22	545552344	2	2
383	53554544543	53	545552344	2	2
391	23576366475	11	432523435	1	2
392	52224334334	22	432523435	1	2
393	52455455555	53	432523435	1	2
401	51577656656	11	545535454	1	2
402	55344334434	22	545535454	1	2
403	53354544534	53	545535454	1	2
411	63174264364	11	345522354	2	3
412	52575565565	32	345522354	2	3
413	22624634634	43	345522344	2	3
421	42373253364	11	454535553	1	3
422	63233322122	32	454535553	1	3
423	44211411412	43	454535553	1	3
431	44321212221	11	555555555	1	3
432	52276666556	32	555555555	1	3
433	15411411411	43	555555555	1	3
441	33466256356	11	555555555	2	3
442	62266534536	32	555555555	2	3
443	65631611221	43	555555555	2	3
451	15534355536	11	515534545	2	3
452	52344245235	32	515534545	2	3
453	16512212512	43	515534545	2	3
461	71677677677	11	535553335	1	3
462	71677677677	32	535553335	1	3
463	3312321311	43	535553335		
463	33312321311	43	535553335	1	3
471	62577677577	11	234441323	2	3
472	52577565556	32	234441323	2	3
473	63626645645	43	234441312	2	3

siehe
(6)------(3)
(7)------(3)

(1) Bei der ersten Karte des Falles 4 wurde eine Polarität des
    Semantischen Differentials doppelt erfaßt. Um welche Polarität es
    sich handelt, muß durch einen Vergleich mit den Kodierbögen bzw. den
    Fragebögen ermittelt werden. Dadurch bedingt wurden alle folgenden
    Werte um eine Spalte nach rechts verschoben.

(2) Beim Fall 13 wurde anstelle von "2" für die Zeilennummer eine "4"
    erfaßt; außerdem sind alle Polaritäten des Semantischen Differentials
    um eine Spalte nach links verschoben.

(3) Beim Fall 46 wurde die dritte Zeile fehlerhaft erfaßt. Diese Zeile
    wurde zwar verbessert, jedoch die fehlerhafte nicht entfernt. Damit
    wird die richtige dritte Zeile als erste Zeile des Falles 47
    interpretiert. Daraus resultieren die entsprechenden Folgefehler.

Nach der Korrektur der fehlerhaften Daten sollte eine weitere Datenprüfung erfolgen. Insbesondere wenn das Auftreten von Folgefehlern
angenommen wird, ist eine weitere Kontrolle wichtig.

Sind alle Daten fehlerfrei, so bricht der SPSS-Lauf mit einer
Fehlermeldung ab. Dem Benutzer wird mitgeteilt, daß bedingt durch
Datenselektion, Gewichtung der Fälle oder einen "leeren" Datenfile keine
Fälle vorhanden sind. Diese Fehlermeldung (siehe folgende Ergebnisliste)
besagt für uns, daß alle fehlerhaften Daten korrigiert wurden und deshalb
kein Fall die Bedingung des SELECT IF - Kommandos erfüllt ist.

```
--------------------------------------------------------------------------------
COMPUTE        FEHLER=FEHL01+FEHL02+FEHL03+FEHL04+FEHLSD
               +FEHLNAT+FEHLSEX+FEHLGR.
SELECT IF      (FEHLER gt 0).
LIST           VARIABLES=$CASENUM,FEHL01 to FEHLGR/
The raw data or transformation pass is proceeding

There are no cases left.  A new active file must now be defined.
--------------------------------------------------------------------------------
```

Die hier vorgestellte Strategie der Fehlersuche ist umso
effizienter, je größer die Datenmenge ist. Bei einem Datensatz
bestehend aus circa 5000 Lochkarten konnten mit dieser Vorgehensweise an einem Nachmittag 35 Fehler erkannt und verbessert werden.

4. Prüfung der Variablen auf Normalverteilung

Die parametrischen Analyseverfahren setzen voraus, daß die Stichprobe aus einer bezüglich der Variablen normalverteilten Grundgesamtheit stammt.

Die Voraussetzung der Normalverteilung ist dabei besonders für inferenz-statistische Schlüsse bedeutsam, da die Verletzung der Normalverteilungs-annahme Auswirkungen auf die tatsächliche Irrtumswahrscheinlichkeit der Ergebnisse hat. Wird für ein Ergebnis (z.B. für einen Korrelations-koeffizienten) ein Signifikanzniveau von $p=.05$ errechnet, so bedeutet dies, daß mit 5% Wahrscheinlichkeit ein zufällig ermittelter Zusammenhang angenommen werden kann. Wenn wir die Null-Hypothese (es besteht kein Zusammenhang zwischen den Variablen) zurückweisen, so muß damit gerechnet werden, daß wir in fünf von hundert Fällen die Null-Hypothese zu Unrecht verwerfen. Ist nun die Voraussetzung der Normalverteilung nicht erfüllt, so muß damit gerechnet weren, daß die tatsächliche Irrtumswahrscheinlich-keit wesentlich größer ist als die inferenzstatistisch errechnete Wahr-scheinlichkeit.

Aber auch bei der Berechnung deskriptiver Kennwerte, z.B. bei der Berechnung des Produkt-Moment-Korrelationskoeffizienten, können Ver-letzungen der Nomalverteilungsannahme zu Verzerrungen führen. In diesem Falle ist besonders die Symmetrie der Verteilung bedeutsam. Extrem schiefe Verteilungen schränken den Bereich ein, in dem sich der Korre-lationskoeffizient bewegen kann. Aber auch sehr steilgipfelige (leptokurtische) Verteilungen (hohe positive Werte für den Exzeß) haben Einfluß auf den möglichen Wertebereich des Korrelationskoeffizienten.

Nun kann natürlich nicht erwartet werden, daß eine empirisch ermittelte Verteilung exakt der Normalverteilung gleicht. Mehr oder minder starke Abweichungen davon sind bei jeder empirischen Verteilung zu erwarten. Bedeutsam ist es für uns zu prüfen, ob die ermittelten Abweichungen der empirischen Verteilung von der Normalverteilung zur Aufgabe der Annahme führen, die Stichprobe entstammt einer bezüglich der Variablen normalverteilten Grundgesamtkeit.

Zur Prüfung darauf, ob für Variablen die Normalverteilungsannahme beibehalten werden kann, eignen sich in SPSS zwei Verfahren:

1. Prüfung der Normalverteilung über die Kennwerte für Schiefe und Exzeß

2. Prüfung der Normalverteilung durch den Kolmogorov-Smirnov-Anpassungstest.

Bei beiden Verfahren bringen jedoch bisweilen verschiedene Ergebnisse, wobei der Kolmogorov-Smirnov-Anpassungstest in der Regel schneller zur Aufgabe der Annahme führt, die Stichprobe entstamme einer normalverteilten Grundgesamtheit (vgl. LIENERT 1973, S. 459).

4.1. Prüfung über Schiefe und Exzeß

Für die Anwendung dieses Verfahrens müssen folgende Voraussetzungen erfüllt sein:

1) Intervallskalenniveau der Variablen
2) Die Verteilung muß unimodal (eingipfelig) sein
3) Die Stichprobe muß hinreichend groß sein (N = 100).

Für exakt normalverteilte Variablen beträgt der Kennwert für Schiefe und Exzeß jeweils 0.0 . Es lassen sich standardnormal verteilte (z-verteilte) Kennwerte für Schiefe und Exzeß bei Stichproben ab N = 100[1] errechnen, wenn die von SPSS ausgegebenen Kennwerte mit dem Faktor

$$\frac{1}{\sqrt{\frac{6}{N}}} \quad \text{multipliziert werden.}$$

Damit läßt sich anhand einer Tabelle der Standardnormalverteilung bestimmen, ob bei einem gegebenen Wert für die Schiefe oder den Exzeß die Annahme der Normalverteilung einer Variable beibehalten werden kann, ohne daß die Wahrscheinlichkeit einer fälschlichen Beibehaltung zu groß wird.

1.) Bei N kleiner als 100 besteht die Möglichkeit für Schiefe und Exzeß t-verteilte Prüfgrößen zu errechnen (vgl. LIENERT 1969, S.117 ff)

Es ist also zu fragen, ob die ermittelten Werte (für Schiefe oder Exzeß) durch zufällige Einwirkungen von 0.0 abweichen oder ob diese die tatsächliche Verteilung der Grundgesamtheit abbilden. Hierfür ist ein zweiseitiger Signifikanztest notwendig[1].

Folgende Überlegungen sind vorab angebracht: Bei welchem Signifikanzniveau soll die Annahme aufgegeben werden, eine Variable sei in der Grundgesamtheit normalverteilt? Die Wahl des Signifikanzniveaus, die Festlegung der Irrtumswahrscheinlichkeit, bei dem die Null-Hypothese zurückgewiesen und die Alternativ-Hypothese als bestätigt betrachtet wird, ist eine Frage der Konvention. Im allgemeinen wird das 5%-Niveau als Signifikanzgrenze betrachtet. Wenn der Unterschied zwischen zwei Stichproben auf dem 5%-Niveau signifikant ist, dann beträgt die Wahrscheinlichkeit, daß sich die beiden Grundgesamtheiten gleichen und nur die Stichproben zufällig unterscheiden 5%. In fünf von hundert Fällen wird also die Null-Hypothese fälschlicherweise zurückgewiesen. Diese Wahrscheinlichkeit wird als Größe des alpha-Fehlers bezeichnet. Mit der Wahl des Signifikanzniveaus wird also die Größe des alpha-Fehlers festgelegt.

Daneben gibt es jedoch noch eine zweite Fehlerart, den beta-Fehler. Dieser bezieht sich darauf, daß aufgrund eines zu geringen Unterschiedes zwischen den Stichproben die Null-Hypothese beibehalten wird, obwohl sich die Grundgesamtheiten unterscheiden. Eine fälschlich beibehaltene Null-Hypothese bezeichnet man also als beta-Fehler.

Zwischen alpha-Fehler und beta-Fehler besteht dabei ein reziprokes Verhältnis: Je geringer die Wahrscheinlichkeit des alpha-Fehlers, desto größer ist die Wahrscheinlichkeit eines beta-Fehlers. Die exakte Wahrscheinlichkeit des beta-Fehlers kann allerdings nicht ohne Zusatzannahmen berechnet werden (vgl. COHEN 1977). Die Größe des beta-Fehlers ist von dem Stichprobenumfang, dem gewählten alpha-Niveau und der geschätzten Effektgröße abhängig. Letztere Größe kann nur subjektiv bestimmt werden. Daraus resultierende methodologische Probleme können hier nicht weiter diskutiert werden.

----

1) Auf ein- und zweiseitigen Signifikanztest wird im kapitel 5 ausführlich eingegangen

In unserem Fall liegt uns daran, die Nullhypothese "die Stichprobe stammt
aus einer bezüglich der Variablen normalverteilten Grundgesamtheit" beizubehalten. Deshalb ist darauf zu achten, daß die Wahrscheinlichkeit des
beta-Fehlers möglichst gering ist. Dafür müssen wir einen höheren
alpha-Fehler in Kauf nehmen. Aus diesem Grund sollte ein größeres als das
5 %-Signifikanzniveau gewählt werden. Aufgrund dieser Überlegungen
scheint uns die von LIENERT (1969, S. 172ff.) gewählte 1%-Signifikanz-
grenze unzweckmäßig. BORTZ (1977, S. 193) empfiehlt sogar das 25 %-Signi-
fikanzniveau, wenn der beta-Fehler klein gehalten werden soll.

Da es sich hierbei letztlich um eine Frage der Konvention handelt, können
wir das Signifikanzniveau selbst festlegen.

Für unser weiteres Vorgehen wollen wir, wenn der alpha-Fehler gering
gehalten werden soll, ein Signifikanzniveau von 5%; wenn der beta-Fehler
gering gehalten werden soll, ein Signifikanzniveau von 10 % als kritische
Grenze betrachten.

Damit ergibt sich für Schiefe und Exzeß ein absoluter Wert von 1.64 als
kritischer Wert. Ist dieser erreicht oder überschritten, so wird die
Null-Hypothese zurückgewiesen, die Variable wird als nicht normalverteilt
betrachtet.

Für die Polaritäten des Semantischen Differentials läßt sich in unserer
Untersuchung eine Prüfung auf Normalverteilung über Schiefe und Exzeß
durchführen. Dabei wird die Beurteilung jedes Bildes durch das
Semantische Differential als ein Fall aufgefaßt. Jede Versuchsperson wird
also in drei Fälle aufgespalten, wir haben damit 240 Fälle (bei 80
Versuchspersonen) zur Berechnung der statistischen Kennwerte.

Die Püfung ist über die Prozedur DESCRIPTIVES unter Anforderung von
STATISTICS = 7,8 oder FREQUENCIES unter Anforderung von
STATISTICS = SKEWNESS,KURTOSIS möglich. Bei weniger als 15 Merkmals-
ausprägungen ist die Verwendung der Prozedur FREQUENCIES empfehlenswert,
die eine Häufigkeitsauszählung liefert und damit eine visuelle Prüfung
auf Eingipfeligkeit der Verteilung ermöglicht.

42

Der folgende Ausschnitt aus der SPSS-Ergebnisliste zeigt die Prüfung auf
Normalverteilung:

```
--------------------------------------------------------------------------------

GET    file = "TECHNIK.SYS".                             --(1)
The SPSS/PC system file is read from
    file TECHNIK.SYS
The file was created on  8/23/85 at  9:19:47
and is titled Technische Elemente in der Landschaft
The SPSS/PC system file contains
    240 cases, each consisting of
    29 variables (including system variables).
    29 variables will be used in this session.
--------------------------------------------------------------------------------

Page   2                     SPSS/PC   Release 1.10                    11/18/85

This procedure was completed at 19:03:07
TITLE   "Pruefung auf Normalverteilung" .
SUBTITLE   " ueber Schiefe und Exzess".
FREQUENCIES VARIABLES = SD01 to SD11/              --(2)
    HISTOGRAM = NORMAL/
    STATISTICS = MEAN,SKEWNESS,KURTOSIS.           --(2)

***** Memory allows a total of   2977 Values, accumulated across all Variables.
      There also may be up to    372 Value Labels for each Variable.
```

SD01   dicht-aufgelockert   --(3)

Value Label	Value	Frequency	Percent	Valid Percent	Cum Percent
sehr	1	4	1.7	1.7	1.7
ziemlich	2	15	6.3	6.3	7.9
eher als	3	35	14.6	14.6	22.5
weder noch	4	36	15.0	15.0	37.5
eher als	5	71	29.6	29.6	67.1
ziemlich	6	61	25.4	25.4	92.5
sehr	7	18	7.5	7.5	100.0
	TOTAL	240	100.0	100.0	

```
    COUNT     VALUE

       4      1.00  I*:*
      15      2.00  I*******:**
      35      3.00  I*********************:*
      36      4.00  I************************
      71      5.00  I*****************************************:****
      61      6.00  I*****************************:***********
      18      7.00  I************.
                    I........I........I........I........I........I
                    0       15       30       45       60       75
                         Histogram Frequency
```

Mean   4.708   Kurtosis   -.422   Skewness   -.491

Valid Cases   240   Missing Cases   0

44

 ueber Schiefe und Exzess
SD04   technisch-natuerlich   --(4)

| | | | | Valid | Cum |
Value Label	Value	Frequency	Percent	Percent	Percent
sehr	1	22	9.2	9.2	9.2
ziemlich	2	42	17.5	17.6	26.8
eher als	3	33	13.8	13.8	40.6
weder noch	4	14	5.8	5.9	46.4
eher als	5	33	13.8	13.8	60.3
ziemlich	6	47	19.6	19.7	79.9
sehr	7	48	20.0	20.1	100.0
	9	1	.4	MISSING	
		-------	-------	-------	
	TOTAL	240	100.0	100.0	

```
    COUNT       VALUE

      22        1.00  I***********.**********
      42        2.00  I**********************.*******************
      33        3.00  I*******************************        .
      14        4.00  I*************                             .
      33        5.00  I********************************       .
      47        6.00  I********************************.************
      48        7.00  I*******************.*************************
                      I........I........I........I........I........I
                      0       10       20       30       40       50
                             Histogram Frequency
```

Mean   4.368   Kurtosis   -1.416   Skewness   -.189

Valid Cases   239   Missing Cases   1
----

(1) In der SPSS-Systemdatei TECHNIK.SYS wurde jede Beurteilung eines
    Bildes als ein Fall angelegt. Die Datendeskriptionen entsprechen der
    im Kapitel 2 angegebenen Ergebnisliste (vgl S. 20).

(2) Mit Hilfe des hier dargestellten Prozeduraufrufs erfolgt die
    Prüfung auf Normalverteilung. Mit dem Unterkommando VARIABLES =
    werden die Variablen spezifiert, für die Häufigkeitsauszählungen
    durchgeführt werden. Das Unterkommando HISTOGRAM bewirkt eine
    graphische Ausgabe der empirischen Verteilung. Durch das Schlüssel-
    wort NORMA1 läßt sich eine theoretische Normalverteilung über die
    empirische Verteilung legen. Liegt der Wert der Normalverteilung

innerhalb der empirischen Verteilung (d. h. sind für eine Ausprägung der Variablen mehr Fälle vorhanden, als unter der Annahme der Normalverteilung zu erwarten sind), so wird die Häufigkeitsausprägung der Normalverteilung durch ":" dargestellt. Liegt der Wert der Normalverteilung außerhalb der empirischen Verteilung, (d. h. sind für eine Ausprägung der Variablen weniger Fälle vorhanden, als bei der Normalverteilung zu erwarten sind), so wird der Wert durch "." dargestellt. Wird das Unterkommando HISTOGRAM aufgerufen, sollte im SET-Kommando das Unterkommando HISTOGRAM = "*" spezifiziert werden, um zu gewährleisten, daß eine gut lesbare Ausgabe der graphischen Darstellung der Häufigkeitsverteilung erfolgt. Das Unterkommando STATISTICS mit den Schlüsselwörtern SKEWNESS und KURTOSIS bewirkt die Ausgabe der Kennwerte für Schiefe und Exzeß. Aufgrund des Schlüsselwortes MEAN wird zusätzlich der arithmetische Mittelwert der Verteilung ausgedruckt.

(3) Für die Variable SD01, die Polarität "aufgelockert - dicht" ergibt die Prüfung, daß die Annahme der Normalverteilung nicht beibehalten werden kann. Der absolute Wert des Exzesses (KURTOSIS) beträgt .422. Gewichtet man diesen Wert mit dem angegebenen Faktor $1 / \sqrt{(6/240)}$, so ergibt sich eine Prüfgröße von 2.67 die deutlich über dem kritischen Wert liegt. Der absolute Wert der Schiefe (SKEWNESS) beträgt .491. Multipliziert man diesen Wert mit $1 / \sqrt{(6 / 240)}$, so ergibt sich eine Prüfgröße von 3.11, auch diese liegt deutlich über dem kritischen Wert.

(4) Für die Variable SD04, die Polarität "technisch - natürlich" ergibt die Prüfung ebenfalls, daß die Annahme der Normalverteilung nicht beibehalten werden kann. Die Abweichung des Wertes für den Exzeß beträgt -1.416 . Damit ergibt sich eine Prüfgröße von 8.96; diese liegt deutlich über der kritischen Grenze. Die deutlich erkennbare Zweigipfeligkeit der Verteilung legt zusätzlich eine Ablehnung der Normalverteilungsannahme nahe.

4.2. Prüfung durch den Kolmogorov-Smirnov-Anpassungstest

Eine weitere Möglichkeit zur Prüfung der Normalverteilungsannahme bietet
der Kolmogorov-Smirnov-Test. Hierbei wird die empirisch ermittelte
Häufigkeitsverteilung einer Variablen mit der Normalverteilung verglichen. Das Vorgehen im einzelnen sieht wie folgt aus :

Die absoluten Häufigkeiten für die einzelnen Ausprägungen werden schrittweise kumuliert. Die kumulierte Häufigkeitsverteilung wird dann auf 1.0
normiert. Nun wird für jede Ausprägung der Variablen die Differenz
zwischen der empirisch beobachteten Häufigkeit und der theoretisch
erwarteten Häufigkeit gebildet. Die größte absolute Differenz wird
zwischen den beiden Verteilungen mit der Anzahl der Fälle gewichtet und
ergibt so die Prüfgröße, die in SPSS als "KS-Z" bezeichnet wird. Für
diese Prüfgröße errechnet SPSS einen Signifikanzwert, der gemäß unserer
bisherigen Überlegungen größer als .10 sein müßte, um die Annahme der
Normalverteilung beizubehalten. Nach LIENERT (1973, S. 459ff.) ist der
Kolmogorov-Smirnov-Test bis zu einem $N = 100$ sehr effizient. Darüber
werden auch minimale Abweichungen von der Normalverteilung signifikant.
Der Kolmogorov-Smirnov-Test kann von uns also verwendet werden, um die
Fragen zur Intensität des naturschutzbezogenen Interesses auf
Normalverteilung zu prüfen. Da jede Versuchsperson diesen Fragebogen nur
einmal beantwortete, liegen hier pro Frage nur 80 (sinnvoll) auswertbare
Antworten vor.

Die SPSS-Ergebnisliste sieht wie folgt aus:

```
Page  11   Pruefung auf Normalverteilung                  11/18/85
 ueber Schiefe und Exzess

This procedure was completed at 19:05:21
SUBTITLE  "ueber Kolmogorov-Smirnov-Test".
process if  (VAR1 eq 1).                         --(1)
NPAR TESTS   K-S (NORMAL) = NAT1 TO NAT9.        --(2)

 ***** WORKSPACE allows for    1250 cases for NPAR TESTS *****
```

- - - - - Kolmogorov - Smirnov Goodness of Fit Test

    NAT1   Gerede nicht mehr hoeren

    Test Distribution - Normal   Mean: 4.55   --(3)
                                                Standard Deviation: .78   --(3)

              Cases: 80

              Most Extreme Differences
         Absolute   Positive   Negative   K-S Z   2-tailed P
          .41854   .28146   -.41854   3.744   .000
          --(4)   --(4)   --(4)   --(5)   --(5)

- - - - - Kolmogorov - Smirnov Goodness of Fit Test

    NAT2   Strengere Gesetze zum Schutz

    Test Distribution - Normal   Mean: 4.15
                                                Standard Deviation: 1.02

              Cases: 80

              Most Extreme Differences
         Absolute   Positive   Negative   K-S Z   2-tailed P
          .27266   .20234   -.27266   2.439   .000
                                                            --(5)   --(5)

- - - - - Kolmogorov - Smirnov Goodness of Fit Test

    NAT3   Umwelt ist nicht so verschmutzt

    Test Distribution - Normal   Mean: 4.64
                                                Standard Deviation: .64

              Cases: 80

              Most Extreme Differences
         Absolute   Positive   Negative   K-S Z   2-tailed P
          .42656   .28594   -.42656   3.815   .000

- - - - - Kolmogorov - Smirnov Goodness of Fit Test

    NAT4   Einzeln stehende Hecken & Buesche

    Test Distribution - Normal   Mean: 4.59
                                                Standard Deviation: .74

              Cases: 80
              Most Extreme Differences
         Absolute   Positive   Negative   K-S Z   2-tailed P
          .41110   .28890   -.41110   3.677   .000
                                                            --(5)   --(5)

(1) Da auch hier mit der Systemdatei TECHNIK gearbeitet wird, dient die
    PROCESS IF-Anweisung dazu, von jeder Versuchsperson nur die erste der
    drei Datenzeilen beizubehalten. Bei Verwendung der Systemdatei
    TECHGES (alle drei Karten einer Person als ein Fall) muß diese
    Anweisung entfallen.

(2) Aufruf des Kolmogorov-Smirnov-Anpassungstest: Durch (NORMAL) wird die
    Art theoretischen Verteilung spezifiziert, mit der die empirische
    Verteilung zu vergleichen ist.

(3) Angabe der theoretischen Vergleichsverteilung (TEST DIST.). In
    Klammern werden die in der empirischen Verteilung ermittelten
    Parameter (arithm. Mittel und Standardabweichung) ausgegeben,
    die der theoretischen Verteilung zugrunde gelegt werden.

(4) Ausgabe: Anzahl der Fälle, der maximalen absoluten Differenz,
    der maximalen positiven und der maximalen negativen Differenz.

(5) Ausgabe der Prüfgröße K-S-Z und des dazugehörigen Signifikanz-
    wertes. Dabei zeigt sich, daß für alle Fragen zur Intensität
    des naturschutzbezogenen Interesses die Annahme der Normalver-
    teilung aufgegeben werden muß, da die Irrtumswahrscheinlich-
    keit überall kleiner als 10 % ist.

Aufgrund der Ergebnisse des Kolmogorov-Smirnov-Test wissen wir jedoch
noch nicht, welcher Verteilungsparameter bei den Fragen zur Erfassung des
naturschutzbezogenen Interesses die Abweichung von der Normalverteilung
bewirken. Hierzu sind Häufigkeitsauszählungen mit der Prozedur
FREQUENCIES notwendig. Die Ergebnisse dieser Häufigkeitsauszählungen
werden hier aus Platzgründen nicht dargestellt. Es zeigt sich dabei
jedoch, daß alle diese Variablen relativ stark linksschief verteilt sind.

4.3. Vergleich der beiden Prüfverfahren und Konsequenzen bei Verletzung der Normalverteilungsannahme

Im allgemeinen kann gesagt werden, daß die Verwendung des Kolmogorov-Smirnov-Test eher zu der Zurückweisung der Normalverteilungsannahme führt als die Prüfung über Schiefe und Exzeß. Besonders bei großen Stichproben (N größer 100) bringt der Kolmogorov-Smirnov-Test bereits für geringfügige Abweichungen von der Normalverteilung hochsignifikante Ergebnisse.

Ein signifikantes Ergebnis im Kolmogorov-Smirnov-Test gibt keine Information, welches Verteilungsmoment (Schiefe, Exzeß) die Abweichung von der Normalverteilung bewirkt hat. Es ist deshalb zweckmäßig, ergänzend zum Kolmogorov-Smirnov-Test auch die Verteilungskennwerte Schiefe und Exzeß berechnen zu lassen.

Insbesondere bei der Korrelationsanalyse und darauf aufbauenden Verfahren (Partialkorrelation, Faktorenanalyse) ist die Schiefe das Verteilungsmoment, dem besondere Bedeutung zukommt, da hier die Verwendung extrem schiefer Verteilungen zu verzerrten Ergebnissen führt. Entsteht die Abweichung dagegen durch eine Zweigipfeligkeit der Verteilung, so ist dies nur bei der Interpretation des Signifikanzniveaus bedeutsam.

Andere statistische Verfahren (t-Test und Varianzanalyse) sind gegenüber Verletzungen der Normalverteilungsannahme relativ robust. Außerdem ist für diese Verfahren zu beachten, daß die Normalverteilungsannahme dabei jeweils für die einzelnen Gruppen gilt. Soll beispielsweise ein Mittelwertvergleich zwischen männlichen und weiblichen Versuchspersonen für eine Polarität des Semantischen Diffferentials durchgeführt werden, so müßten die Meßwerte dieser Polarität in beiden Gruppen jeweils annähernd normalverteilt sein. Diese Bedingung kann erfüllt sein, obwohl die Variable in der Gesamtstichprobe nicht normalverteilt ist.

5. Mittelwertvergleiche für zwei unabhängige Gruppen

In diesem Kapitel kann nun die Überprüfung der ersten Hypothese erfolgen. In der Literatur existieren einige Untersuchungen, die sich mit geschlechtsspezifischen Beurteilungsunterschieden bei Verwendung des Semantischen Differentials beschäftigen. Mehrere zum Teil konkurrierende Erklärungsansätze stehen sich dabei gegenüber. Die bislang verfügbare empirische Evidenz ist eher widersprüchlich.

Wir wollen deshalb unsere Forschungsfrage, ob es geschlechtsspezifische Beurteilungsuntergerschiede gibt, in eine ungerichtete Hypothese umsetzen. Diese soll exemplarisch am Bild S überprüft werden.

In operationaler Form lautet diese Hypothese: Bei dem Bild S gibt es systematische Unterschiede zwischen männlichen und weiblichen Versuchspersonen in der Beurteilung bezüglich der Vielfältigkeit, der Natürlichkeit und der Attraktivität.

Wir haben also für drei abhängige Variablen[1] die Mittelwertunterschiede zwischen den beiden Gruppen darauf zu prüfen, ob diese als zufällig oder als systematisch betrachtet werden können. Dazu existieren parametrische und nonparametrische Prüfverfahren. Das bekannteste Vefahren ist der (parametrische) t-Test für unabhängige Gruppen, den wir nun näher betrachten wollen.

----

[1] Die drei Variablen Vielfältigkeit, Natürlichkeit und Attraktivität entstanden durch Bildung von Summenscores für Polaritäten, die jeweils den gleichen Sachverhalt messen. Dieses Vorgehen wird im Kapitel 9 ausführlich besprochen.

5.1. Der t-Test für unabhängige Gruppen

Der t-Test prüft, ob sich die Mittelwerte von zwei Gruppen zufällig oder signifikant unterscheiden.

Voraussetzungen für die Anwendung des t-Tests sind:

1) Die beiden Gruppen sind zwei voneinander unabhängige Zufalls-stichproben.

2) Intervallskalenniveau der abhängigen Variablen.

3) Die beiden Gruppen entstammen bezüglich der abhängigen Variablen normalverteilten Grundgesamtheiten.

4) Die Grundgesamtheiten, denen die beiden Gruppen entnommen sind, haben die gleiche Varianz.

Die Voraussetzung 1 ist für alle inferenzstatistischen Verfahren erforderlich, um Schlüsse von der Stichprobe auf die Grundgesamtheit ziehen zu können. Hier können jedoch Meinungsverschiedenheiten auftreten, wie eng der Begriff der Zufallsstichprobe gefaßt wird. Für eine weiter-gehende Diskussion wird auf den Sammelband von MORRISON & HENKEL (1970, insbesondere HOGBEN; CAMILLERI; HAGOOD; GOLD; WINCH & CAMPBELL; MORRISON & HENKEL alle 1970) verwiesen.

Die Voraussetzung 2 ist notwendig für die korrekte Anwendung des t-Tests. Ist die abhängige Variable nur auf Ordinalskalenniveau gemessen, so müssen die im Folgenden besprochenen nicht-parametrischen Tests verwandt werden.

Voraussetzung 3 und 4 sind für die Bestimmung des exakten Signifikanz-niveaus bedeutsam. Gegen Verletzungen der Voraussetzung 3 (der Normal-verteilungsannahme) ist der t-Test relativ robust (vgl. BONEAU 1960; HAGER, LÜBBEKE & HÜBNER 1983).

Ist die Annahme 4 (Varianzhomogenitätsannahme) verletzt, so kann ein t-Test für heterogene Varianzen berechnet werden. Dabei wird den unterschiedlich großen Varianzen bei der Ermittlung des t-Wertes und insbesondere bei der Ermittlung der Freiheitsgrade Rechnung ge- tragen.

Das Vorgehen des t-Tests kann grob wie folgt skizziert werden:
Für jede der beiden Gruppen wird Mittelwert und Varianz der abhängigen Variablen errechnet. Die Differenz der Mittelwerte zwischen den beiden Gruppen wird mit den Varianzen und den Fallzahlen der Gruppen gewichtet. Auf diese Weise entsteht eine t-verteilte Prüfgröße, die unter Berück- sichtigung der Freiheitsgrade auf Signifikanz geprüft werden kann.

Bei der Interpretation der Ergebnisse des t-Tests sind die folgenden Punkte zu beachten:

1) Sind die Varianzen der beiden Gruppen annähernd gleich?

2) Liegt eine gerichtete Hypothese oder eine ungerichtete Hypothese vor?

zu 1) Bei annähernd gleichen Varianzen wird ein t-Test für homogene Varianzen durchgeführt. Die Anzahl der Freiheits- grade beträgt:

$$FG = n_1 + n_2 - 2 \quad (n_1 = \text{Anzahl der Vpn in Gruppe 1},$$
$$n_2 = \text{Anzahl der Vpn in Gruppe 2}).$$

Bei stark ungleichen Varianzen wird ein t-Test für heterogene Varianzen durchgeführt. Dabei werden die Varianzen der beiden Gruppen getrennt gewichtet. Der resultierende t-Wert ist in der Regel etwas geringer als bei homogenen Varianzen. Bei der Berech- nung der Freiheitsgrade wird das Größenverhältnis der Varianzen mitberücksichtigt. Die Anzahl der Freiheitsgrade ist (gegenüber dem t-Test für homogene Varianzen) umso geringer, je unterschiedlicher die Varianzen sind. Ob ein t-Test für homogene oder heterogene Varianzen durchgeführt werden muß, wird zuvor durch einen F-Test geprüft. Dabei wird die größere der beiden Varianzen durch die kleinere dividiert. Ergibt sich ein signifikanter F-Wert, so ist der t-Test für heterogene Varianzen anzuwenden.

53

Auch bei diesem F-Test auf Varianzhomogenität sollten wir bestrebt sein,
die Wahrscheinlichkeit des beta-Fehlers möglichst gering zu halten
(vgl. S. 40/41). Wir setzen deshalb auch hier das 10%-Signifikanzniveau
als kritische Grenze.

zu 2) Eine gerichtete Hypothese liegt vor, wenn beispielsweise angenommen
wird, daß der Mittelwert der einen Gruppe (der weiblichen Versuchspersonen) größer sein muß als der Mittel- wert der anderen Gruppe
(der männlichen Versuchspersonen). Entsprechen hier die Mittelwertunterschiede nicht der postulierten Richtung (ist der Mittelwert
der männlichen Versuchsgruppe größer), so muß die statistische
Hypothese ohne weitere Berücksichtigung des Signifikanzniveaus
verworfen werden. Nur wenn die Unterschiede der postulierten
Richtung entsprechen, ist ein einseitiger Signifikanztest
anzuwenden.

Eine ungerichtete Hypothese liegt vor, wenn es, wie in unserem
Fall, vorab keine (theoretisch begründeten) Annahmen gibt, welcher
Mittelwert größer sein müßte. Hier lautet die Hypothese nur, die
beiden Gruppen unterscheiden sich bezüglich des Mittelwertes. In
diesem Fall ist ein zweiseitiger Signifikanztest anzuwenden.

Von SPSS wird jeweils nur der zweiseitige Signifikanztest berechnet.
Liegt eine gerichtete Hypothese vor, so kann die ausgegebene Irrtums-
wahrscheinlichkeit halbiert werden. Die folgende Ergebnisliste zeigt die
Überprüfung unserer Hypothese mit Hilfe des t-Tests.

```
------------------------------------------------------------------------
Page   2                   SPSS/PC  Release 1.10                11/25/85

This procedure was completed at 19:56:03
COMPUTE   VIELFA = (SD03 + SD06 + SD09) / 3.        --(1)
COMPUTE   NATUER = (SD04 + SD07 + SD10) / 3.
COMPUTE   ATTRAK = (SD05 + SD08 + SD11) / 3.        --(1)
include   "tepro04.ste".                                  --(2)
SUBTITLE  Pruefung der Effekte des Geschlechts (fuer Bild S ueber T-Test) .
process if     (VAR1 = 1).                                --(3)
T-TEST        GROUPS = VAR3(1,2)/                   --(4)
The raw data or transformation pass is proceeding
SPSS/PC has written    240 cases to the active file
        VARIABLES = VIELFA to ATTRAK.               --(4)
```

54

PRUEFUNG DER EFFEKTE DES GESCHLECHTS (FUER BILD S UEBER T-TEST)

Independent samples of VAR3   Geschlecht
Group 1: VAR3 EQ 1   Group 2: VAR3 EQ 2

t-test for: VIELFA

	Number of Cases	Mean	Standard Deviation	Standard Error	
Group 1	29	4.6552	1.492	.277	--(5)
Group 2	47	4.8582	1.087	.159	--(5)

		I Pooled Variance Estimate			I Separate Variance Estimate		
F Value	2-Tail Prob.	I t Value	Degrees of Freedom	2-Tail Prob.	I t Value	Degrees of Freedom	2-Tail Prob.
1.88 --(6)	.056	I -.68	74	.496 --(7)	I -.64	46.33	.528 --(8)

t-test for: NATUER

	Number of Cases	Mean	Standard Deviation	Standard Error
Group 1	29	5.3908	1.266	.235
Group 2	46	5.4493	1.112	.164

		I Pooled Variance Estimate			I Separate Variance Estimate		
F Value	2-Tail Prob.	I t Value	Degrees of Freedom	2-Tail Prob.	I t Value	Degrees of Freedom	2-Tail Prob.
1.30 (9)	.427	I -.21	73	.834 (10)	I -.20	53.90	.839

t-test for: ATTRAK

	Number of Cases	Mean	Standard Deviation	Standard Error
Group 1	29	5.1149	1.541	.286
Group 2	47	5.7943	.809	.118

		I Pooled Variance Estimate			I Separate Variance Estimate		
F Value	2-Tail Prob.	I t Value	Degrees of Freedom	2-Tail Prob.	I t Value	Degrees of Freedom	2-Tail Prob.
3.63 (11)	.000	I -2.52	74	.014	I -2.19	37.67	.034 (12)

(1) Mit diesen COMPUTE-Kommandos werden Summenwerte für die Polaritäten berechnet (vgl. Kapitel 9). VIELFA kennzeichnet die erlebte Vielfältigkeit, NATUER die erlebte Natürlichkeit, und ATTRAK die erlebte Attraktivität des beurteilten Bildes.

(2) Mit Hilfe des INCLUDE-Kommandos wird ein SPSS-Kommando-File aufgerufen, der die Kommandos für den t-Test enthält.

(3) Die PROCESS IF-Anweisung dient der temporären Datenselektion in SPSS/PC. (In SPSS-X ist das Schlüsselwort TEMPORARY dem SELECT IF -Kommando voranzustellen.) Sie bewirkt, daß nur die Urteile für das Bild S (VAR1 gleich "1") beibehalten werden.

(4) Aufruf des t-Tests. Mit dem Schlüsselwort GROUPS = wird die unabhängige Variable spezifiziert. Als unabhängige Variable wird das Geschlecht (VAR3) verwandt, dabei werden die weiblichen Versuchspersonen (Ausprägung "1") mit den männlichen Probanden (Ausprägung "2") verglichen. Nach dem Schlüsselwort VARIABLES werden die abhängigen Variablen spezifiziert.

(5) Darstellung der statistischen Kennwerte für die beiden Gruppen. Es werden ausgegeben: die Anzahl der Fälle pro Gruppe, die Mittelwerte der Gruppen, die Standardabweichungen in jeder Gruppe und die Standardfehler der Mittelwerte für jede Gruppe. Der Mittelwert der männlichen Versuchsgruppe ist etwas größer als der der weiblichen Versuchsgruppe.

(6) F-Test zur Prüfung der Homogenität der Varianzen. Um den beta-Fehler klein zu halten, betrachten wir das 10%-Signifikanzniveau als kritische Grenze. Deshalb muß bei einem ermittelten Signifikanzwert von .056 (kleiner als .10) die Nullhypothese zurückgewiesen werden. Somit ist der t-Test für heterogene Varianzen zu interpretieren (SEPARATE VARIANCE ESTIMATE).

(7) Ausgabe des Signifikanzniveaus des t-Tests für homogene Varianzen.

(8) Ausgabe des Signifikanzniveaus des t-Tests für heterogene Varianzen.
     Da wir eine ungerichtete Hypothese überprüfen, kann der Wert des
     Signifikanzniveaus übernommen werden. Der Wert (.528) ist größer
     als .05. Somit wurde die Hypothese nicht bestätigt, daß sich
     männliche und weibliche Versuchspersonen in der Beurteilung des
     Bildes S bezüglich der Vielfältigkeit unterscheiden. Für den Fall
     einer gerichteten Hypothese wäre die hier ausgegebene Irrtums-
     wahrscheinlichkeit zu halbieren, sofern die Richtung für Mittelwert-
     unterschiede mit der Hypothese übereinstimmt. In diesem Fall ergäbe
     sich ein Signifikanzniveau von .264. Damit wäre auch eine gerichtete
     Hypothese nicht bestätigt.

(9) Für die Variable NATUER (erlebte Natürlichkeit des Bildes) ergibt
     der F-Test, daß sich die Varianzen nicht signifikant unterscheiden.
     Zur Prüfung kann der t-Test für homogene Varianzen verwendet werden.

(10) Die Signifikanzprüfung des t-Tests für homogene Varianzen ergibt,
     daß sich die Mittelwerte nicht signifikant unterscheiden. Die
     Hypothese geschlechtsspezifischer Beurteilungsunterschiede ist auch
     für die erlebte Natürlichkeit nicht bestätigt.

(11) Auch für die Variable ATTRAK (erlebte Attraktivität des Bildes)
     unterscheiden sich die Varianzen signifikant (p kleiner als .001).
     Damit ist der t-Test für heterogene Varianzen anzuwenden.

(12) Der t-Test für heterogene Varianzen zeigt einen auf dem 5%-Niveau
     signifikanten Mittelwertunterschied (p = .034) zwischen den beiden
     Versuchsgruppen. Die Ergebnisse lassen sich dahingehend inter-
     pretieren, daß männliche Versuchspersonen dem Bild S eine höhere
     Attraktivität zusprechen als weibliche Versuchspersonen. Unsere
     Hypothese kann also für die Attraktivität als bestätigt betrachtet
     werden.

Wäre der Vergleich bezüglich des Attraktivitätsurteils der einzige von
uns durchgeführte Vergleich zwischen männlichen und weiblichen Versuchspersonen, so gäbe es bezüglich der Interpretation der Ergebnisse keine
Probleme. Wir könnten die Hypothese der geschlechtsspezifischen Beurteilungsunterschiede als bestätigt betrachten.

Tatsächlich haben wir jedoch mehrere Vergleiche durchgeführt. Zum besseren Verständnis der daraus resultierenden Folgen wollen wir uns überlegen, was es bedeutet, für den alpha-Fehler 5% als kritische Grenze zu betrachten:

Wenn wir hundert Vergleiche zwischen zwei Stichproben anstellen, deren Grundgesamtheiten sich gleichen, so ist damit zu rechnen, daß fünf der hundert Vergleiche zufallsbedingt zu signifikanten Unterschieden führen. Dies bedeutet mit anderen Worten, daß mit steigender Anzahl durchgeführter Vergleiche auch die Wahrscheinlichkeit steigt, zumindest einen signifikanten Unterschied zu erhalten. Will man dieser Überlegung Rechnung tragen, so ist bei der Durchführung mehrerer Mittelwertvergleiche die Adjustierung des Signifikanzniveaus angezeigt.

Diese Adjustierung kann nach folgender Formel durchgeführt werden (vgl. etwa DIEHL 1977, S. 41 f.):

$$alpha_{adj} = 1 - (1 - alpha)^c$$

$alpha_{adj}$ = adjustiertes Signifikanzniveau
$alpha$ = ermitteltes Signifikanzniveau
c = Anzahl der Mittelwertvergleiche.

In unserem Beispiel ergibt sich:

$$alpha_{adj} = 1 - (1 - .034)^3 = .99.$$

D.h. wir müssen die Hypothese geschlechtsspezifischer Mittelwertunterschiede auf dem 5%-Niveau als falsifiziert betrachten. Mit diesem Vorgehen ist allerdings wiederum eine erhöhte Wahrscheinlichkeit des beta-Fehlers verbunden, der die Verwerfung einer richtigen Hypothese und die fälschliche Beibehaltung der Null-Hypothese bedeutet. Die Adjustierung des Signifikanzniveaus erscheint deshalb insbesondere dann angebracht, wenn ein Datensatz ohne theoretisch abgeleitete Hypothesen auf mögliche signifikante Unterschiede oder Zusammenhänge analysiert wird. Liegen explizite vor der Datenerhebung formulierte Hypothesen vor, so erscheint uns ein Verzicht auf die Adjustierung des Signifikanzniveaus methodisch vertretbar. Dies gilt insbesondere dann, wenn die Anzahl der signifikanten Ergebnisse deutlich höher ist als nach dem Zufall (fünf von hundert) zu erwarten wäre (vgl. SELVIN 1970, S. 104 f.)

5.2. Der Median-Test für zwei unabhängige Gruppen

Eine nicht-parametrische Alternative zum t-Test stellt der Median-Test für zwei Gruppen dar. Hier ist für die abhängige Variable lediglich Ordinalskalenniveau erforderlich. Das Vorgehen des Median-Tests kann wie folgt beschrieben werden.

Zunächst werden die Meßwerte der Fälle beider Gruppen in eine gemeinsame Rangreihe gebracht. Von dieser Rangreihe wird der Median ermittelt. Für beide Gruppen werden nun die Fälle ausgezählt, deren Werte größer bzw. kleiner/gleich dem Median sind. Damit ergibt sich eine Vier-Felder-Tafel. Bei kleinen Stichproben (N = 30) wird mit Hilfe von Fisher's exaktem Test, bei größeren Stichproben mit Hilfe des Chi-Quadrat-Tests geprüft, ob sich die Anzahl der Fälle, die größer bzw. kleiner/gleich dem Median sind, signifikant unterscheiden.

Es ist offensichtlich, daß der Median-Test zahlreiche Informationen ignoriert, die insbesondere bei intervallskalierten Variablen verfügbar sind. Deshalb ist die Effizienz des Median-Tests insbesondere bei großen Stichproben relativ gering. Unter der Effizienz eines Tests versteht man dabei die Wahrscheinlichkeit, daß sich Unterschiede in den Daten auch durch signifikante Ergebnisse ausdrücken. Mit anderen Worten kann man sagen, je höher die Effizienz eines Tests ist, desto geringer ist die Wahrscheinlichkeit eines beta-Fehlers, also der fälschlichen Beibehaltung der Nullhypothese. Gemessen wird die Effizienz eines nicht-parametrischen Tests in der Regel daran, bei wieviel Prozent der Fälle signifikante Ergebnisse erzielt werden, für die sich bei Anwendung eines vergleichbaren parametrischen Verfahrens signifikante Resultate ergeben.

Da jedoch nur die Information verwertet wird, ob ein Meßwert größer als der Median ist oder nicht, fallen "Ausreißer", die bei kleinen Stichproben sonst stark verzerren können, hier nicht so stark ins Gewicht.

Im folgenden wird die Ergebnisliste des Median-Tests dargestellt:

Page   4   SPSS/PC   Release 1.10   11/25/85
 PRUEFUNG DER EFFEKTE DES GESCHLECHTS (FUER BILD S UEBER T-TEST)
This procedure was completed at 19:57:00
SUBTITLE Pruefung der Effekte des Geschlechts (fuer Bild S ueber NPAR-Tests)
.
process if   (VAR1 = 1).   --(1)
NPAR TESTS   MEDIAN = VIELFA to ATTRAK by VAR3 (1,2)/   --(2)
              STATISTICS = 1,2.   --(3)
 ***** WORKSPACE allows for   1658 cases for NPAR TESTS *****

Page   5   SPSS/PC   Release 1.10   11/25/85
 PRUEFUNG DER EFFEKTE DES GESCHLECHTS (FUER BILD S UEBER NPAR-TE
              N   Mean   Std Dev Minimum Maximum

VIELFA   79   4.80591   1.23645   1.33   7.00--(4)
NATUER   78   5.43162   1.14857   1.67   7.00
ATTRAK   79   5.54430   1.16841   1.33   7.00
VAR3   77   1.61039   .49086   1.00   2.00--(4)

                            (Median)
                    25th   50th   75th
              N Percentile Percentile Percentile

VIELFA   79   4.0000   5.0000   5.6667
NATUER   78   5.0000   5.6667   6.3333
ATTRAK   79   5.0000   6.0000   6.3333
VAR3   77   1.0000   2.0000   2.0000

60

Page

SPSS/PC Release 1.10 11/25/85

PRUEFUNG DER EFFEKTE DES GESCHLECHTS (FUER BILD S UEBER NPAR-TE
- - - - - Median Test
     VIELFA
  by VAR3   Geschlecht

                          VAR3
                     1.00   2.00
                  I---------I---------I
      Gt Median I   14 I   21 I
VIELFA   I---------I---------I   --(5)
      Le Median I   15 I   26 I
                  I---------I---------I
      Cases   Median   Chi-Square   Significance
       76   5.000   .0047   .9453 --(6)

- - - - - Median Test
     NATUER
  by VAR3   Geschlecht

                          VAR3
                     1.00   2.00
                  I---------I---------I
      Gt Median I   11 I   22 I
NATUER   I---------I---------I   --(5)
      Le Median I   18 I   24 I
                  I---------I---------I
      Cases   Median   Chi-Square   Significance
       75   5.67   .3622   .5473 --(6)

- - - - - Median Test
     ATTRAK
  by VAR3   Geschlecht

                          VAR3
                     1.00   2.00
                  I---------I---------I
      Gt Median I   6 I   17 I
ATTRAK   I---------I---------I   --(5)
      Le Median I   23 I   30 I
                  I---------I---------I
      Cases   Median   Chi-Square   Significance
       76   6.000   1.3690   .2420 --(6)

(1) Mit dem PROCESS IF- Kommando ist eine temporäre Datenselektion für
     die nachfolgende Statistikprozedur möglich. (In SPSS-X wird das
     Schlüsselwort TEMPORARY dem SELECT IF -Kommando vorargestellt.)

(2) Aufruf des Median-Tests über die Prozedur NPAR TESTS. Es ist darauf
     zu achten, daß der Median-Test auch für mehr als zwei Gruppen
     anwendbar ist. Die Spezifikation VAR3 (1,3) würde beispielsweise
     bewirken, daß ein Median-Test für die Gruppen "1", "2" und "3" der
     Variablen VAR3 berechnet wird.

(3) Das Unterkommando STATISTICS = 1 bewirkt die Ausgabe von Fallzahl,
     arithmetischen Mittelwert, Standardabweichung, sowie Maximum und
     Minimum. STATISTICS = 2 bewirkt die Ausgabe des 25% Quartils, des
     75% Quartils und des Medians.

(4) Ausgabe der über das STATISTICS-Unterkommando angeforderten
     statistischen Kennwerte.

(5) Ausgabe der Vielfeldertafel. In den beiden oberen Zellen stehen die
     Anzahl der Fälle für jede der Gruppen, die über dem Median liegen.
     In den beiden unteren Zellen stehen die Anzahl der Fälle, deren Wert
     kleiner/gleich dem Median ist. Da die erwarteten Häufigkeiten nicht
     ausgegeben werden, ist eine unmittelbare Interpretation der Ergeb-
     nisse bei ungleicher Gruppengröße häufig schwierig.

(6) Ausgabe der statistischen Kennwerte (Chi-Quadrat) und der zuge-
     hörigen zweiseitigen Wahrscheinlichkeit. Der Median-Test ist für
     einseitige Hypothesentestung nur bedingt verwendbar. Da die
     Chi-Quadrat-Verteilung nicht symmetrisch ist, kann die Irrtums-
     wahrscheinlichkeit nicht halbiert werden, wenn eine gerichtete
     Hypothese zu testen ist. Sehr deutlich zeigt sich bei der Variable
     ATTRAK die geringere Effizienz des Median-Tests gegenüber dem
     t-Test, der an dieser Stelle ein signifikantes Ergebnis brachte,
     während der Unterschied, über den Median-Test geprüft, nicht signi-
     fikant ist.

5.3. Der Mann-Whitney U-Test

Ebenfalls auf Ranginformationen basiert ein weiterer nichtpara-
metrischer Test, der Mann-Whitney U-Test. Hier wird zunächst aus den
Meßwerten beider Gruppen eine gemeinsame Rangreihe gebildet. Dann wird
für jede der beiden Gruppen die Rangsumme gebildet.

Die Berechnung der Prüfgröße U erfolgt als der kleinere Wert von:

$$n_1 * n_2 + \frac{n_1 * (n_1 + 1)}{2} - R_1$$

und

$$n_1 * n_2 + \frac{n_2 * (n_2 + 1)}{2} - R_2$$

Dabei bedeuten: n_i der Stichprobenumfang der Gruppe i,
R_i die Rangsumme der Gruppe i.

Die Prüfgröße U ist normalverteilt mit dem Erwartungswert

$$E(U) = \frac{n_1 * n_2}{2}$$

und der Streuung

$$S(U) = \frac{n_1 * n_2 * (n_1 + n_2 + 1)}{12}$$

Für größere Stichproben (n_1 und n_2 größer als 20) kann deshalb die
Signifikanzprüfung über eine standardnormalverteilte Prüfgröße vorgenommen werden:

$$Z = \frac{U - E(U)}{S(U)}$$

Für kleinere Stichproben existieren Signifikanztafeln. Zu beachten ist,
daß für den U-Test bei der oben angegebenen Prüfformel keine verbundenen
Ränge auftreten dürften.

Von verbundenen Rängen (ties) spricht man, wenn zwei oder mehr Fälle
exakt denselben Meßwert aufweisen und deshalb denselben Rangplatz

erhalten. Veränderungen des U-Wertes treten auf, wenn die Fälle mit
verbundenen Rängen unterschiedlichen Gruppen angehören. Hierfür existiert
eine Korrekturformel (vgl. SIEGEL 1976, S. 120 ff.), die von SPSS
standardmäßig berücksichtigt wird.

Die Ergebnisliste des Mann-Whitney U-Tests in SPSS wird im Folgenden
dargestellt.

```
PROCESS IF     (VAR1 = 1).
NPAR TESTS     M-W = VIELFA to ATTRAK by VAR3 (1,2). --(1)
 ***** WORKSPACE allows for    1658 cases for NPAR TESTS *****
```

64

PRUEFUNG DER EFFEKTE DES GESCHLECHTS (FUER BILD S UEBER NPAR-TE

- - - - - Mann-Whitney U - Wilcoxon Rank Sum W Test
     VIELFA
  by VAR3   Geschlecht

     Mean Rank   Cases
       --(2)--
        37.74   29 VAR3 = 1 weiblich
        38.97   47 VAR3 = 2 maennlich
                     --
                     76 Total
                                    Corrected for Ties
          U --(3)   W --(4)   Z   2-tailed P
         659.5   1094.5   -.2364   .8131 --(6)
                                        --(5)--
- - - - - Mann-Whitney U - Wilcoxon Rank Sum W Test
     NATUER
  by VAR3   Geschlecht

     Mean Rank   Cases

        37.31   29 VAR3 = 1 weiblich
        38.43   46 VAR3 = 2 maennlich
                     --
                     75 Total
                                    Corrected for Ties
          U   W   Z   2-tailed P
         647.0   1082.0   -.2191   .8266 --(6)

- - - - - Mann-Whitney U - Wilcoxon Rank Sum W Test
     ATTRAK
  by VAR3   Geschlecht

     Mean Rank   Cases

        33.52   29 VAR3 = 1 weiblich
        41.57   47 VAR3 = 2 maennlich
                     --
                     76 Total
                                    Corrected for Ties
          U   W   Z   2-tailed P
         537.0   972.0   -1.5604   .1187 --(6)

(1) Aufrund des Mann-Whitney U-Tests in SPSS über das NPAR TEST
     -Kommando.

(2) Ausgabe der mittleren Ränge für die beiden Versuchsgruppen. Die
     mittleren Ränge berechnen sich aus der Rangsumme der Gruppe
     dividiert durch die Anzahl der Versuchspersonen der Gruppe. Hier
     zeigt sich, daß für die Gruppe der männlichen Versuchspersonen der
     Wert des mittleren Ranges über dem der weiblichen Versuchspersonen
     liegt. Das bedeutet, die männlichen Versuchspersonen beurteilen das
     Bild als vielfältiger. Die Richtung des Unterschiedes ist insbe-
     sondere bei der Prüfung gerichteter Hypothesen bedeutsam.

(3) Ausgabe der Prüfgröße U. Da der Erwartungswert für U von der Anzahl
     der Fälle pro Gruppe abhängt, deutet hier ein hoher Wert nicht
     unbedingt auf ein signifikantes Ergebnis hin.

(4) Ausgabe der Prüfgröße W des Wilcoxon-Rangsummen-Tests. Diese
     Prüfgröße basiert im Prinzip auf denselben Informationen wie die
     Prüfgröße U. Für eine ausführliche Darstellung wird auf LIENERT
     (1973, S. 230 f.) verwiesen.

(5) Ausgabe der z-standardisierten Prüfgröße, die bei größeren
     Stichproben zur Berechnung des Signifikanzniveaus verwendet wird.
     Hier ist die Korrekturformel für verbundene Ränge berücksichtigt
     (vgl. NORUSIS 1979, S. 125).

(6) Ausgabe des zweiseitigen Signifikanzniveaus für den Mann-Whitney
     U-Test. Da die Standardnormalverteilung symmetrisch ist, kann dieser
     Wert bei gerichteten Hypothesen halbiert werden, wenn die Größen-
     ordnung der mittleren Ränge der Richtung der Hypothese entspricht.
     Beim Mann-Whitney U-Test ergaben sich für alle drei abhängigen
     Variablen, wie die Signifikanzwerte zeigen, keine geschlechts-
     spezifischen Beurteilungsunterschiede. Damit zeigt sich, daß die
     Effizienz unter der des t-Tests liegt. Es soll hier noch darauf
     hingewiesen werden, daß unsere Überlegungen bezüglich des Signifi-
     kanzniveaus bei der Durchführung mehrerer Vergleiche (hier für drei

abhängige Variablen) ebenso wie für den t-Test auch für den
Median-Test und den Mann-Whitney U-Test gelten.

Zur Effizienz des Mann-Whitney U-Tests ist anzumerken, daß diese unter
der des t-Tests liegt. Bei kleinen Stichproben beträgt die Effizienz etwa
66 % und nähert sich bei großen Stichproben asymptotisch 99 %.

5.4. Andere nicht-parametrische Tests für zwei Gruppen

Neben den bisher besprochenen Tests bietet SPSS über das NPAR TEST
-Kommando noch den Kolmogorov-Smirnov-, den Wald-Wolfowitz- und den
Moses-Test zum Vergleich von zwei Gruppen.

Der Moses-Test prüft, ob sich zwei Verteilungen bezüglich ihrer
Streuungen (Spannbreiten) unterscheiden. Damit ist er für die Prüfung von
Mittelwertunterschieden ungeeignet. Der Kolmogorov- Smirnov- und der
Wald-Wolfowitz-Test sind sogenannte Omnibus-Tests, die prüfen, ob sich
zwei Gruppen bezüglich aller Verteilungsparameter (Mittelwert, Streuung,
Schiefe und Exzeß) gleichen.

Ein signifikantes Ergbnis bedeutet bei diesen beiden Tests nicht
unbedingt, daß ein signifikanter Mittelwertunterschied vorliegt. Diese
beiden Verfahren eignen sich besonders zur Prüfung von Hypothesen, die
sich auf die globale Gleichheit zweier Verteilungen beziehen. Zur Prüfung
von Mittelwertunterschieden können sie ohne weitere Information nicht
verwendet werden.

5.5. Überlegungen zum effizienten Einsatz der vorgestellten Verfahren

Sowohl der Median-Test, als auch der Mann-Whitney U-Test beruhen auf
Ranginformationen. Sie sind also bei ordinalskalierten abhängigen
Variablen verwendbar. Dabei ist der Median-Test vorzuziehen, wenn die
Gruppen sehr klein sind (n_1 und/oder n_2 kleiner als 10). Ansonsten weist
der Mann-Whitney U-Test die größere Effizienz auf.

Der t-Test erfordert intervallskalierte abhängige Variablen. Außerdem sollten die beiden Gruppen mindestens 20 Fälle enthalten. Sind diese Voraussetzungen nicht erfüllt, ist ein nicht-parametrischer Test anzuwenden.

Andererseits ist der t-Test gegen Verletzungen der Normalverteilungsannahme relativ robust. Da auch die Homogenität bzw. Heterogenität der Varianzen im t-Test berücksichtigt wird, sind die Verteilungen der abhängigen Variablen in den Gruppen für die Wahl des Analyseverfahrens nicht ausschlaggebend.

6. Mittelwertvergleiche für mehrere unabhängige Gruppen

Um zu prüfen, ob von den Hochspannungsleitungen erlebniswirksame Effekte ausgehen, können wir die Mittelwerte der Beurteilungen der Bilder Ao; Am; Bo und Bm miteinander vergleichen. Bevor wir jedoch diesen Auswertungsschritt vornehmen, erscheint es uns zweckmäßig zu prüfen, ob sich die Versuchsgruppen zu Beginn des Versuchs gleichen oder ob bereits hier systematische Unterschiede auftreten.

Da das Bild S von allen vier Versuchsgruppen als erstes Bild beurteilt wurde, dürften hier nur zufällige Mittelwertunterschiede zwischen den Versuchsgruppen auftreten, wenn die Zufallszuweisung zu den Versuchs-gruppen eine gleichartige Gruppenzusammensetzung bewirkte. Ebenso müßte die Intensität des naturschutzbezogenen Interesses in den vier Gruppen ungefähr gleich stark sein. In Abhängigkeit vom Ausgang dieser Prüfung kann über die weiteren Auswertungsschritte entschieden werden.

6.1. Einfaktorielle Varianzanalyse zur Prüfung der Gruppengleichheit

Zur Prüfung der Gleichheit der vier Versuchsgruppen ist die Varianz-analyse das geeignete statistische Verfahren. Für die korrekte Anwendung dieses parametrischen Analyseverfahrens müssen zusätzlich zur Zufalls-auswahl der Probanden vier Bedingungen erfüllt sein.

1) Die abhängige Variable muß Intervallskalenniveau aufweisen.

2) Die Gruppen sollten aus bezüglich der abhängigen Variablen normalverteilten Grundgesamtheiten entstammen.

3) Die Varianzen der abhängigen Variablen sollten in den einzelnen Grundgesamtheiten ungefähr gleich sein (Varianzhomogenität).

4) Die Gruppen sollten gleich besetzt sein.

Die Folgen aus der Verletzung dieser Annahmen sind unterschiedlich schwerwiegend.

zu 1): Wenn die abhängige Variable kein Intervallskalenniveau aufweist, so ist die Anwendung der Varianzanalyse unzulässig. Falls die abhängige Variable ordinal skaliert ist, kann eine Rangvarianzanalyse berechnet werden.

zu 2): Wenn alle anderen Voraussetzungen erfüllt sind, ist die Varianzanalyse gegen Verletzungen der Normalverteilungsannahme relativ robust. Simulationsstudien haben ergeben, daß sich die Wahrscheinlichkeit des alpha-Fehlers hierdurch nur um einen vernachlässigbaren Betrag erhöht (vgl. z.B. DIEHL 1976, S. 20, GLASER 1978, S. 110 f.). Allerdings sollte die Gruppenbesetzung hinreichend groß sein (n mindestens gleich 20)[1].

zu 3): Die Verletzung der Annahme der Varianzhomogenität führt solange zu keinen ersten Konsequenzen, solange die Voraussetzungen 1 und 4 erfüllt sind. Liegt der Quotient von größter Varianz dividiert durch kleinste Varianz bei einem Wert von ungefähr 10, so kann man bei Verdoppelung der ausgegebenen Irrtumswahrscheinlichkeit davon ausgehen, daß die Wahrscheinlichkeit des alpha-Fehlers annähernd korrekt eingeschätzt wird (vgl. GLASER, 1978, S. 111 f.).

zu 4): Auch die Verletzung der Voraussetzung 4 (ungleich besetzte Gruppen) führt bei Einhaltung der anderen Voraussetzungen zu keinen ernsten Konsequenzen.

Sind jedoch mehrere Voraussetzungen gleichzeitig verletzt, so ist es sinnvoller, die nicht-parametrische Rangvarianzanalyse anzuwenden.

----

1) Detailliertere Ausführungen zur Verletzung der Verteilungsannahmen finden sich bei KIRK (1968, S.60f.)

6.1.1. Der mathematische Hintergrund der einfaktoriellen Varianzanalyse

Im folgenden soll kurz der Rechengang der Varianzanalyse erläutert
werden, um damit ein besseres Verständnis der SPSS-Ergebnislisten zu
ermöglichen.

Faßt man die individuellen Urteile der Versuchspersonen aller vier
Versuchsgruppen bezüglich der Attraktivität des Bildes S zusammen, so
läßt sich ein gemeinsamer Mittelwert X berechnen. Die individuellen
Urteile streuen dabei um diesen Mittelwert.

Ein gängiges Streuungsmaß ist die Varianz, die sich nach der Formel

$$sigma^2 = \frac{\sum (x_i - x)^2}{N - 1}$$

Der Dividend dieses Bruches $\sum_{i=1}^{k} (x_i - x)^2$ wird dabei als Variation
bezeichnet. Da wir hier die Urteile aller Versuchspersonen ohne Berücksichtigung der Gruppenzugehörigkeit zusammengefaßt haben, können wir auch
von der Gesamtvariation sprechen.

Diese Gesamtvariation läßt sich aufteilen in die erklärte Variation und
in die unerklärte Variation. Als erklärte Variation bezeichnet man dabei
die Variation, die auf die Unterschiede zwischen den Gruppenmittelwerten
zurückzuführen ist.

$$\sum_{j=1}^{k} n_j * (x - x_{.j})^2 \qquad \begin{aligned} k &= \text{Anzahl der Gruppen} \\ n_j &= \text{Anzahl der Vpn in der Gruppe j} \\ x.j &= \text{Mittelwert der Gruppe j} \end{aligned}$$

Als unerklärte Variation bezeichnet man die Variation, die auf interindividuelle Unterschiede zurückzuführen ist.

$$\sum_{j=1}^{k} * \sum_{i=1}^{n_j} (x_{.j} - x_{ij})^2$$

In der varianzanalytischen Terminologie bezeichnet man die Variation als
die Summe der Abweichungsquadrate oder englisch als Sums of Squares (SS).

Entsprechend wird die Gesamtvariation als:

$$\text{Sums of Squares total oder } SS_{tot}$$

die erklärte Variation als:

$$\text{Sums of Squares between oder } SS_{betw}$$

und die unerklärte Variation als:

$$\text{Sums of Squares within oder } SS_{within}$$

bezeichnet.

Da die Gesamtvariation in erklärte und unerklärte Variationen zerlegt wird, gilt:

$$SS_{tot} = SS_{betw} + SS_{within}$$

Bei der Division der Variation durch die Anzahl der Freiheitsgrade erhält man die Varianzen, die als mittlere Quadrate oder mean squares bezeichnet werden. Für die Gesamtvariation (SS_{tot}) ergeben sich N-1 Freiheitsgrade (N = Stichprobenumfang). In unserem Fall sind dies für die Variable VIELFA 78 Freiheitsgrade, da eine Versuchsperson wegen eines fehlenden Wertes ausgeschlossen wurde.

Für die erklärte Variation ergeben sich k-1 Freiheitsgrade (wobei k die Anzahl der Gruppen darstellt), also in unserem Fall drei Freiheitsgrade.

Für die unerklärte Variation ergeben sich N-k Freiheitsgrade. Wir erhalten also:

Mean Squares betw = SS betw/(K-1)   (= erklärte Varianz)
Mean Squares within = SS within/(N-k) (= unerklärte Varianz oder
                                           Fehlervarianz).

Die eigentliche Prüfgröße der Varianzanalyse erhält man nun, indem man die erklärte Varianz durch die Fehlervarianz dividiert. Die daraus resultierende Größe ist F-verteilt, die k-1 und n-k Freiheitsgraden. Für diese wird das zweiseitige Signifikanzniveau errechnet. Da die F-Verteilung nicht symmetrisch ist, können auch gerichtete Hypothesen nur zweiseitig getestet werden.

Ist die Prüfgröße (der F-Bruch) signifikant, so bedeutet dies nur, daß sich die Mittelwerte überzufällig voneinander unterscheiden. Wir wissen damit weder, welche Mittelwerte sich signifikant voneinander unterscheiden, noch wie stark der Einfluß der unabhängigen Variablen ist.

Das Problem der Prüfung von Mittelwertunterschieden auf Signifikanz werden wir im folgenden Abschnitt (6.1.3) ausführlich behandeln. Die Stärke des Einflusses der unabhängigen Variablen läßt sich aufgrund der uns bereits bekannten Beziehungen berechnen: Wir dividieren die erklärte Variation (SS_{betw}) durch die Gesamtvariation (SS_{tot}).

Der Quotient (Eta-Quadrat) stellt den Anteil der erklärten Varianz (eigentlich der erklärten Variation) dar. Der Koeffizient Eta-Quadrat kann sich zwischen 0.0 und 1.0 bewegen und wird in Analogie zum Determinationskoeffizienten als ein Bestimmtheitsmaß betrachtet. Hat man beispielsweise einen Koeffizienten eta-Quadrat = 0.138, so kann man sagen, 13,8%, also rund 14% der Varianz wird durch die unabhängige Variable erklärt.

Eta-Quadrat sagt nur etwas über die Verhältnisse in der Stichprobe aus, will man Aussagen über die Stärke des Einflusses der unabhängigen Variablen in der Grundgesamtheit treffen, so ist das Maß Omega-Quadrat zu berechnen. Hierzu wird auf statistische Lehrbücher verwiesen (vgl. z.B. BORTZ 1977, S. 343 f.; DIEHL 1976, S. 37 f.; GLASER 1978, S. 147).

6.1.2. Prüfung der Varianzhomogenitätsannahme

Um prüfen zu können, ob die Annahme gleicher Varianzen in allen Gruppen gerechtfertigt ist, gibt es in SPSS - in der Prozedur ONEWAY - drei Tests auf Varianzhomogenität. Es sind dies:

1) Cochran's C
2) der Bartlett-Box F-Test (eine Modifikation des Bartlett-Tests)
3) Hartley's F-max-Test.

Hartley's F-max-Test betrachtet nur die Relation zwischen der größten und der kleinsten Gruppenvarianz. Er verwendet damit am wenigsten der verfügbaren Informationen. Er ist jedoch als ein Maß zur Abschätzung der Stärke der Varianzheterogenität brauchbar.

Cochran's C kann interpretiert werden, wenn alle Gruppen annähernd gleich besetzt sind, während der Bartlett-Box-Test auch bei ungleichen Gruppengrößen anwendbar ist.

Von WINER (1971, S. 96) wird darauf hingewiesen, daß diese Tests auch gegenüber Verletzungen der Normalverteilungsannahme sehr empfindlich reagieren.

Gemäß unseren Überlegungen muß bei der Prüfung der Varianzhomogenität der beta-Fehler möglichst gering gehalten werden. Wir sollten also die Annahme bereits dann aufgeben, wenn der Signifikanzwert des gewählten Tests (in der Regel Cochran's C oder Bartlett-Box-F-Test) kleiner als .10 wird.

6.1.3. Prüfung auf Einzelunterschiede zwischen Mittelwerten

Ein signifikantes Ergebnis der Varianzanalyse besagt nur, daß zwischen den Mittelwerten überzufällige Unterschiede bestehen.

Welche Mittelwerte sich voneinander signifikant unterscheiden, ist damit jedoch noch nicht bekannt. Hierzu bedarf es eines zusätzlichen Tests. Man könnte nun versuchen, jede Gruppe mit jeder anderen über den t-Test zu vergleichen, um auf diese Weise signifikante Unterschiede zu ermitteln. Dieses Vorgehen ist jedoch statistisch nicht zulässig. Die Begründung hierfür können wir uns wie folgt verdeutlichen: Wenn wir prüfen, ob sich zwei Stichproben zufällig oder systematisch unterscheiden, und wir einen auf dem 5%-Niveau signifikanten Unterschied erhalten, dann bedeutet dies, daß wir mit 5% Fehlerwahrscheinlichkeit den Unterschied als systematisch betrachten. Als Fehlerquelle kommt hier in Frage, daß eine oder beide Stichproben die jeweiligen Grundgesamtheiten nicht korrekt repräsentieren[1]. Verwenden wir eine solch "nicht-korrekte" Stichprobe zu

----

1) Die Ursachen hierfür können Fehler bei der Stichprobenziehung, Fehler im Antwortverhalten der Befragten oder Kodierfehler sein (vgl. SELVIN 1970, S. 101f.)

weiteren Vergleichen, so müssen notwendigerweise auch hier Fehler
auftreten. Deren Größe ist jedoch nicht abzuschätzen, da wir nicht
wissen, wie gut die Stichproben die jeweiligen Grundgesamtheiten
repräsentieren.

Aufgrund dieser Unsicherheit sind nur voneinander unabhängige Vergleiche,
sog. orthogonale Vergleiche mit Hilfe des t-Tests zulässig. Werden
darüberhinaus Vergleiche angestellt, kann das Signifikanzniveau nicht
mehr korrekt interpretiert werden.

Wir wollen uns zunächst am Beispiel von vier Gruppen verdeutlichen,
welche orthogonalen Vergleiche möglich sind.

Für die Gruppen A, B, C und D ist es möglich, die Gruppe A mit B und die
Gruppe C mit D zu vergleichen, da der Vergleich von A mit B keinen
Einfluß auf das Ergebnis des Vergleichs C mit D hat. Darüber hinaus ist
noch die Gegenüberstellung von A und B zusammengefaßt mit C und D zusammengefaßt möglich.

Dies wäre ein Beispiel für drei orthogonale Vergleiche, die bei vier
Gruppen mit dem t-Test möglich sind. Diese Vergleiche bezeichnet man auch
als geplante oder a-priori-Vergleiche.

Darüber hinausgehende Vergleiche, insbesondere vollständige Vergleiche
zwischen allen Gruppen, sind mit dem t-Test nicht zulässig. Hier sind die
sog. a-posteriori-Vergleiche angebracht. A-posteriori-Vergleiche zeichnen
sich im Vergleich zum t-Test dadurch aus, daß die gesamte Fehlervarianz
(unerklärte Varianz) aller Gruppen in die Berechnung der Prüfgröße
eingeht.

Damit ist die Signifikanz eines Mittelwertunterschiedes auch von der
Anzahl der Gruppen in der Varianzanalyse abhängig. SPSS bietet in der
Prozedur ONEWAY folgende a-posteriori-Tests:

	SPSS-Schlüsselwort
1) Test auf die geringsten signifikanten Unterschiede (least significant difference)	LSD
2) Duncan's multiplen Range-Test	DUNCAN
3) Student-Newmann-Keuls-Test	SNK
4) Tukey's alternative Prozedur (Tukey b)	BTUKEY
5) Tukey-Test	TUKEY
6) modifizierter Test auf die geringsten signifikanten Unterschiede	MODLSD
7) Scheffé-Test	SCHEFFE

Diese Tests werden mit aufsteigenden Ziffern konservativer, d.h. die Wahrscheinlichkeit der Beibehaltung der Null-Hypothese, und damit die Wahrscheinlichkeit des beta-Fehlers wird größer. Da einige der hier angegebenen Tests unter methodischen Gesichtspunkten umstritten sind (vgl. DIEHL 1976, S. 58 ff.; WINER 1962, S. 85 ff.), empfiehlt es sich, bei gleichen Gruppengrößen den Tukey-Test, bei ungleichen Gruppenumfängen den Scheffé-Test zu verwenden.

6.1.4. Einfaktorielle Varianzanalysen in SPSS

Einfaktorielle Varianzanalysen können in SPSS (ab Version 8) über vier Prozeduren berechnet werden. Es sind dies:
ANOVA; MEANS (BREAKDOWN); MANOVA und ONEWAY.

Da die Prozeduren ANOVA und MANOVA für mehrfaktorielle Designs gedacht sind, wird die Verwendung dieser Prozeduren nur bedingt empfohlen.

Übersicht 1: Darstellung der varianzanalystischen Kennwerte, die
bei MEANS und ONEWAY verfügbar sind

	MEANS	ONEWAY
Berechnung der Varianzanalyse	über STATISTICS=1	standardmäßig
Berechnung der Gruppenmittel-werte, -varianzen und Fallzahlen	standardmäßig	über STATISTICS=1
A-priori-Tests	--------------	standardmäßig Schlüsselwort CONTRAST
A-poteriori-Tests	--------------	standardmäßig Schlüsselwort RANGES
Eta-Quadrat	über STATISTICS=1	--------------
Trendanalyse[+] (Trend 1. Ordnung)	über STATISTICS=2	standardmäßig Schlüsselwort POLYNOMIAL
Trendanalyse[+] (Trends höherer Ordnung)	--------------	standardmäßig Schlüsselwort POLYNOMIAL
Tests auf Varianzhomo-genität	--------------	über STATISTICS=3
Analyse für feste[+] und Zufallseffekte	--------------	über STATISTICS=2

[+] Diese Verfahren werden hier nicht besprochen, da sie im Rahmen
unserer Fragestellung keine Rolle spielen. Der interessierte Leser
wird auf BORTZ 1977, Kap. 7 für die Trendanalyse und DIEHL 1976,
Kap. 8 für Zufallseffekte verwiesen.

MEANS (in SPSS-X und in früheren SPSS-Versionen BREAKDOWN) ist eine
Prozedur, die konzipiert wurde um Gruppenmittelwerte und -varianzen zu
berechnen. Gegenüber ONEWAY hat MEANS den Vorteil, daß für mehrere
unabhängige Variable in einem Aufruf einfaktorielle Varianzanalysen
berechnet werden können. Andererseits sind mit ONEWAY mehr statistische
Kennwerte verfügbar. In der voranstehenden Übersicht sind die Leistungen
von ONEWAY und MEANS verglichen.

Die Überprüfung der Gleichheit der Gruppen bei Versuchsbeginn wird im
folgenden auszugsweise dargestellt.

```
-------------------------------------------------------------------------
SUBTITLE  Pruefung auf Gleichheit der Gruppen bei Versuchsbeginn    .
PROCESS IF    (VAR1 = 1).                                    --(1)
ONEWAY        VIELFA to NATSCHUT by VAR4(1,4)/               --(2)
        RANGES = SCHEFFE (.10)/
        STATISTICS = 1,3.                                   --(3)
```

78

 PRUEFUNG AUF GLEICHHEIT DER GRUPPEN BEI VERSUCHSBEGINN
       - - - - - - - - - - O N E W A Y - - - - - - - - - -
          Variable   VIELFA
      By Variable   VAR4   Versuchsgruppe
                                Analysis of Variance

Source	D.F. -(4)-	Sum of Squares -(5)-	Mean Squares -(6)-	F Ratio -(7)-	F Prob. -(8)-
Between Groups	3	3.5382	1.1794	.7645	.5175
Within Groups	75	115.7079	1.5428		
Total	78	119.2461			

Group	Count	Mean	--(9)-- Standard Deviation	Standard Error	95 Pct Conf Int for Mean		
Grp 1	20	5.0333	1.2468	.2788	4.4498	To	5.6168
Grp 2	20	4.9000	1.0491	.2346	4.4090	To	5.3910
Grp 3	19	4.4561	1.3389	.3072	3.8108	To	5.1015
Grp 4	20	4.8167	1.3178	.2947	4.1999	To	5.4334
Total	79	4.8059	1.2364	.1391	4.5290	To	5.0829

Group	Minimum	Maximum
Grp 1	2.3333	7.0000
Grp 2	3.0000	6.3333
Grp 3	2.0000	6.3333
Grp 4	1.3333	6.6667
Total	1.3333	7.0000

Tests for Homogeneity of Variances   --(10)--

    Cochrans C = Max. Variance/Sum(Variances) = .2899, P = 1.000 (Approx.)
    Bartlett-Box F =   .432 , P = .730
    Maximum Variance / Minimum Variance   1.629

PRUEFUNG AUF GLEICHHEIT DER GRUPPEN BEI VERSUCHSBEGINN

- - - - - - - - - - O N E W A Y - - - - - - - - - -

      Variable VIELFA
   By Variable VAR4   Versuchsgruppe

Multiple Range Test

Scheffe Procedure   --(11)
Ranges for the   .100 level -

       3.60   3.60   3.60

The ranges above are table ranges.
The value actually compared with Mean(J)-Mean(I) is..
      .8783 * Range * Sqrt(1/N(I) + 1/N(J))

No two groups are significantly different at the   .100 level --(11)

(1) Mit der PROCESS IF-Anweisung wird erreicht, daß nur die Beur-
     teilungen des Bildes S in die Analyse eingehen.

(2) Aufruf der Varianzanalyse über die Prozedur ONEWAY. Die Variablen
     VIELFA, NATUER, ATTRAK und NATSCHUT werden als abhängige Variablen
     spezifiziert. Die Variable VAR4 (= Zugehörigkeit zu den Versuchs-
     gruppen) wird unter Anagabe von Minimum und Maximum als unabhängige
     Variable spezifiziert. Mit dem Schlüsselwort RANGES=SCHEFFE(.05)
     werden a-posteriori-Vergleiche mit Hilfe des Scheffe-Tests auf dem
     5% Signifikanzniveau durchgeführt.

(3) Zusätzliche Spezifikationen: STATISTICS=1 führt zur Ausgabe von
     statistischen Kennwerten: Fallzahl, Mittelwert, Standardabweichung,
     Standardfehler des Mittelwertes, von Minimum und Maximum und des
     95%- Konfidenzintervalles des Mittelwertes. STATISTICS=3 bewirkt die
     Berechnung von Tests auf Varianzhomogenität.

(4) Anzahl der Freiheitsgrade: zwischen den Gruppen (= 3)
     innerhalb der Gruppen (= 75); insgesamt (= 78) bei 79 Versuchs-
     personen. (Eine Versuchsperson wurde wegen eines fehlenden Wertes
     für die abhängige Variable aus den Berechnungen ausgeschlossen.)

(5) Ausgabe der Zerlegung der Variation (Sums of Squares).

(6) Ausgabe der Varianz oder mittleren Quadrate (Mean Squares).

(7) Ausgabe des F-Bruchs (F RATIO). Dieser wird berechnet aus
     Mean Square $_{between}$ / Mean Square $_{within}$.

(8) Ausgabe des Signifikanzniveaus (Wahrscheinlichkeit des alpha-
     Fehlers) für den F-Bruch. Da wir von der Gleichheit der Gruppen
     ausgehen wollen, müssen wir den beta-Fehler gering halten. Deshalb
     ist das 10% Signifikanzniveau die kritische Grenze. Der ausgegebene
     Wert ist jedoch größer. Die Null-Hypothese, Gleichheit der Gruppen
     bezüglich des Vielfältigkeitsurteils zu Versuchsbeginn kann damit
     beibehalten werden. (Dies gilt auch für die anderen abhängigen
     Variablen).

(9) Ausgabe der statistischen Kennwerte für die einzelnen Gruppen und
die Gesamtstichprobe, durch STATISTICS=1 erzeugt.

(10) Tests auf Varianzhomogenität. Da die Anzahl der Fälle in jeder
Gruppe annähernd gleich ist, kann sowohl Cochran's C als auch
Bartlett-Box-F interpretiert werden. Beide Werte sind größer als
der kritische Wert (.10 wegen des beta-Fehlers). Die Annahme der
Varianzhomogenität kann beibehalten werden.

(11) Ergebnis des multiplen-Range-Test (Scheffe-Test).Keiner der
Mittelwerte unterscheidet sich von den anderen auf dem 5%-Niveau.
Dies entspricht dem Ergebnis der Varianzanalyse.

Da die varianzanalytischen Ergebnisse für die drei anderen abhängigen
Variablen gleichartig sind, wird auf deren Darstellung verzichtet.

Es wird nun die die Ergebnisliste für die Prozedur MEANS dargestellt:

```
Page  17                  SPSS/PC  Release 1.10                11/25/85
 PRUEFUNG AUF GLEICHHEIT DER GRUPPEN BEI VERSUCHSBEGINN

This procedure was completed at 20:00:36
PROCESS IF    (VAR1 = 1).
MEANS         TABLES = VIELFA to NATSCHUT by VAR4/          --(1)
       STATISTICS = 1.                                      --(2)

***** Given WORKSPACE allows for  1819 Cells with  1 Dimensions for MEANS.
```

```
Page  18                  SPSS/PC  Release 1.10                11/25/85
 PRUEFUNG AUF GLEICHHEIT DER GRUPPEN BEI VERSUCHSBEGINN

Summaries of    VIELFA
By levels of    VAR4        Versuchsgruppe

Variable       Value  Label                  Mean    Std Dev   Cases

For Entire Population                        4.8059   1.2364      79 --(3)

VAR4            1                            5.0333   1.2468      20
VAR4            2                            4.9000   1.0491      20
VAR4            3                            4.4561   1.3389      19
VAR4            4                            4.8167   1.3178      20 --(3)

   Total Cases =        80
Missing Cases =         1 OR   1.3 PCT.
```

Summaries of   VIELFA
By levels of   VAR4   Versuchsgruppe

Value	Label	Mean	Std Dev	Sum of Sq	Cases
1		5.0333	1.2468	29.5333	20
2		4.9000	1.0491	20.9111	20
3		4.4561	1.3389	32.2690	19
4		4.8167	1.3178	32.9944	20

Within Groups Total		4.8059	1.2421	115.7079	79

Analysis of Variance

Source	Sum of Squares --(5)	D.F. --(4)	Mean Square --(6)	F --(7)	Sig. --(8)
Between Groups	3.5382	3	1.1794	.7645	.5175
Within Groups	115.7079	75	1.5428		

Eta = .1723   Eta Squared = .0297 --(9)

---

(1)   Aufruf der Prozedur MEANS. Spezifikation der abhängigen Variablen
      nach dem Schlüsselwort TABLES, die unabhängige(n) Variable(n)
      werden nach dem Schlüsselwort BY aufgeführt.

(2)   Anforderung der einfaktoriellen Varianzanalyse über STATISTICS = 1.

(3)   Ausgabe der statistischen Kennwerte: arithmetisches Mittel, Stan-
      dardabweichung und Fallzahl für die Gesamtstichprobe und die vier
      Gruppen.

(4)   bis (8) Analog der Ausgabe von ONEWAY.

(9)   Ausgabe des Wertes Eta und Eta-Quadrat (Anteil der erklärten
      Varianz). Eta-Quadrat wird berechnet aus SS_{betw}/SS_{total} und im
      allgemeinen als Determinationskoeffizient oder Bestimmtheitsmaß
      bezeichnet.

6.2. Prüfung der Gruppengleichheit über die Kruskal-Wallis-Rang-
varianzanalyse

Als nichtparametrische Alternative zur Varianzanalyse bietet sich die
Kruskal-Wallis-Rangvarianzanalyse an. Diese ist anzuwenden, wenn die
abhängige Variable nur Ordinalskalenniveau aufweist oder wenn die Annahme
der Varianzhomogenität bei ungleicher Gruppenbesetzung verletzt ist.

6.2.1. Darstellung des Verfahrens

Die statistischen Berechnungen sind im Vergleich zur parametrischen
Varianzanalyse relativ einfach.

Die Meßwerte der abhängigen Variablen werden zunächst für die
Gesamtstichprobe in eine Rangreihe gebracht. Danach werden für die
einzelnen Gruppen Rangsummen berechnet.

Der Test auf signifikante Unterschiede zwischen den Gruppen erfolgt über
die Prüfgröße H, die wie folgt berechnet wird:

$$H = \frac{12}{N(N+1)} * \sum_{j=1}^{k} \frac{R^2_j}{n_j} - 3 * (N + 1)$$

dabei bedeuten: N = Anzahl der Fälle in de Gesamtstichprobe
                k = Anzahl der Gruppen
                R_j = Ransumme der j-ten Gruppe
                n_j = Anzahl der Fälle in der j-ten Gruppe.

Die Prüfgröße H ist ab drei Gruppen und mindestens fünf Versuchspersonen
pro Gruppe annähernd Chi-Quadrat-verteilt mit K-1 Freiheitsgraden.

Die Effizienz der Rangvarianzanalyse gegenüber der parametrischen
Varianzanalyse beträgt etwa 95 %. Das heißt, in 95 % der Fälle, in denen
die parametrische Varianzanalyse (bei korrekter Anwendung) ein
signifikantes Ergebnis liefert, bringt auch die Rangvarianzanalyse
signifikante Unterschiede.

Allerdings sind im Rahmen der Rangvarianzanalyse erheblich weniger
Zusatzinformationen verfügbar.

84

So ist keine Trendanalyse vorhanden, auch der Anteil der erklärten
Varianz kann nicht berechnet werden. A-priori und a-posteriori Vergleiche
sind in SPSS nicht implementiert. Multiple Vergleiche sind jedoch möglich, wie im Folgenden gezeigt wird. Da unsere Überlegungen zu Mittel-
wertvergleichen hier ebenfalls Gültigkeit haben, sind orthogonale Vergleiche mit Hilfe des Mann-Whitney-U-Tests möglich. Für vollständige
Vergleiche gibt es ein Verfahren, das allerdings eigene Rechenarbeit
erfordert. Dieses wird in Anschluß an die SPSS-Ergebnisliste besprochen
(Abschnitt 6.2.2.).

```
--------------------------------------------------------------------------------
TITLE    Pruefung auf Gleichheit der Gruppen  .
SUBTITLE        zu Versuchsbeginn         .
GET    file = "TECHNIK.SYS".
The SPSS/PC system file is read from
    file TECHNIK.SYS

The file was created on  8/23/85 at  9:19:47
and is titled Technische Elemente in der Landschaft
The SPSS/PC system file contains
    240 cases, each consisting of
    29 variables (including system variables).
    29 variables will be used in this session.
--------------------------------------------------------------------------------
Page   2     PRUEFUNG AUF GLEICHHEIT DER GRUPPEN                      11/26/85
       ZU VERSUCHSBEGINN

This procedure was completed at 19:01:03
SELECT IF (VAR1 EQ 1).
COMPUTE   VIELFA = (SD03 + SD06 + SD09) / 3.
COMPUTE   NATUER = (SD04 + SD07 + SD10) / 3.
COMPUTE   ATTRAK = (SD05 + SD08 + SD11) / 3.
COMPUTE   NATSCHUT = (NAT2 + NAT6 + NAT7 + NAT8) / 4.
NPAR TESTS K-W = VIELFA to ATTRAK BY VAR4(1,4).          --(1)
The raw data or transformation pass is proceeding
SPSS/PC has written     80 cases to the active file

 ***** WORKSPACE allows for    1658 cases for NPAR TESTS *****
```

- - - - - Kruskal-Wallis 1-way ANOVA

    VIELFA
by VAR4   Versuchsgruppe

   Mean Rank   Cases

      43.70   20   VAR4 = 1   --(2)
      41.63   20   VAR4 = 2
      34.05   19   VAR4 = 3
      40.33   20   VAR4 = 4   --(2)
               --
               79   Total

			Corrected for Ties	
CASES	Chi-Square	Significance	Chi-Square	Significance
79	1.9002	.5934	1.9186	.5895
	--(3)	--(4)	--(5)	

- - - - - Kruskal-Wallis 1-way ANOVA

    NATUER
by VAR4   Versuchsgruppe

   Mean Rank   Cases

      40.47   20   VAR4 = 1
      38.71   19   VAR4 = 2
      39.39   19   VAR4 = 3
      39.38   20   VAR4 = 4
               --
               78   Total

			Corrected for Ties	
CASES	Chi-Square	Significance	Chi-Square	Significance
78	.0611	.9961	.0619	.9960
			--(5)	

- - - - - Kruskal-Wallis 1-way ANOVA

    ATTRAK
by VAR4   Versuchsgruppe

   Mean Rank   Cases

      49.50   20   VAR4 = 1
      34.30   20   VAR4 = 2
      35.05   19   VAR4 = 3
      40.90   20   VAR4 = 4
               --
               79   Total

(1)   Aufruf der Kruskal-Wallis-Rangvarianzanalyse über die Prozedur
        NPAR TESTS. Nach dem Unterkommando K-W (für Kruskal-Wallis) werden
        die abhängigen Variablen spezifiziert. Nach dem Schlüsselwort BY
        wird die unabhängige Variable mit Minimum und Maximum in Klammern
        angegeben.

(2)   Ausgabe der Ausprägungen der unabhängigen Variablen, die die Grup-
        pen darstellen. Davor stehen die dazugehörigen Fallzahlen sowie den
        mittleren Rängen für die Gruppe. Die mittleren Ränge errechnen sich
        aus Rangsummen dividiert durch Anzahl der Fälle für die Gruppe. Sie
        sind bei signifikanten Mittelwertunterschieden bei der Interpreta-
        tion zu berücksichtigen.

(3)   Ausgabe des Chi-Quadrat verteilten H-Wertes

(4)   Ausgabe des dazugehörigen Signifikanzniveaus

(5)   Ausgabe der für verbundene Ränge korrigierten Prüfgröße H und des
        dazugehörigen Signifikanzniveaus. Da aufgrund unserer Daten-
        struktur (siebenstufige Skalen und 80 Versuchspersonen) zahlreiche
        verbundene Ränge zu erwarten sind, ist dieser Wert zu inter-
        pretieren. Hierbei zeigt sich, daß auch bei der Rangvarianzanalyse
        keine signifikanten Gruppenunterschiede (auf dem 10%-Niveau)
        auftreten. Allerdings ist hier der Signifikanzwert für die Variable
        ATTRAK sehr viel näher an dem kritischen Wert als bei der para-
        metrischen Varianzanalyse. Dieser Fall kommt allerdings relativ
        selten vor.

6.2.2. Multiple Vergleiche bei der Rangvarianzanalyse

Auch bei der Rangvarianzanalyse existiert eine Möglichkeit, die Einzel-
unterschiede zwischen den Gruppen auf Signifikanz zu testen (vgl. DIEHL &
KOHR 1977, S. 101). Dieser Test ist zwar nicht in SPSS implementiert, er
läßt sich jedoch aufgrund der von SPSS ausgedruckten Ergebnisse ohne
großen Aufwand berechnen. (Da die Rangvarianzanalyse keine signifikanten
Unterschiede in der Beurteilung des Bildes S zwischen den Gruppen ergab,
ist dieser Test eigentlich hinfällig. Er wird hier nur dargestellt, um
die Durchführung zu demonstrieren.)

Als erster Schritt sind die absoluten Differenzen zwischen den mittleren Rängen der Gruppen zu bilden.

$$d_{ij} = \left| \frac{R_i}{n_i} - \frac{R_j}{n_j} \right|$$

R_i = Rangsumme der Gruppe i

n_i = Anzahl der Fälle in der Gruppe i

Die mittleren Ränge werden von SPSS als MEANS RANKS ausgegeben. Wenn wir also prüfen wollen, ob sich die Gruppen 1 und 2 bezüglich des Vielfältigkeitsurteils unterscheiden, ergibt sich MEAN RANKS Gruppe 1 = 43.7; MEAN RANK Gruppe 2 = 41.62. Die absolute Differenz beträgt 2.08. Sollen sich die beiden Gruppen signifikant unterscheiden, so muß die ermittelte Differenz größer sein als folgende Prüfgröße:

$$d_{krit} = \sqrt{H_{krit}} * \sqrt{\frac{N(N+1)}{12}} * \sqrt{\frac{1}{n_i} + \frac{1}{n_j}}$$

H_{krit} ist dabei der chi-Quadrat-Wert für das gewählte Signifikanzniveau mit K-1 Freiheitsgraden. (Bei mindestens drei Gruppen und fünf Versuchspersonen pro Gruppe). In unserem Fall haben wir das 10%-Signifkanzniveau gewählt und haben somit bei vier Gruppen drei Freiheitsgrade. Wir erhalten damit folgende Werte:

$$d_{krit} = \sqrt{6.25} * \sqrt{\frac{79 * (79 + 1)}{12}} * \sqrt{\frac{1}{20} + \frac{1}{20}}$$

$$d_{krit} = \sqrt{6.25} * \sqrt{526.67} * \sqrt{0.1}$$

$$d_{krit} = 2.5 * 22.95 + 0.32$$

$$d_{krit} = 18.14$$

Der von uns ermittelte Differenzwert d = 2.08 ist also kleiner als der kritische Wert d_{krit} = 18.14. Damit unterscheiden sich die Gruppe 1 und 2 nicht in ihrer zentralen Tendenz bei der Beurteilung des Bildes S bezüglich der Attraktivität.

6.3. Zusammenfassende Interpretation und Konsequenzen für den nächsten Auswertungsschritt

Weder bei der parametrischen Varianzanalyse noch bei der Rangvarianzanalyse ergaben sich signifikante Mittelwertunterschiede zwischen den
vier Versuchsgruppen bei der Beurteilung des Bildes S bezüglich der
Vielfältigkeit, Natürlichkeit und Attraktivität. Ebenso unterschieden
sich die vier Versuchsgruppen bezüglich der Intensität des naturschutzbezogenen Interesses nicht signifikant. Dies erleichtert uns die nun
folgenden Auswertungsschritte. Es kann davon ausgegangen werden, daß
Unterschiede bei der Beurteilung der Bilder Ao und Am sowie der Bilder Bo
und Bm auf das Vorhandensein bzw. Fehlen der Hochspannungsleitungen
zurückzuführen sind. Hätten sich bereits bei der Beurteilung des Bildes S
signifikante Grupenunterschiede ergeben, so wäre es erforderlich, entweder mit Differenzwerten (z.B. zwischen Bild S und Bild Ao) zu operieren
oder ein komplexes varianzanalytisches Design für Meßwiederholungen zu
verwenden.

Dieses komplexe Meßwiederholungsdesign wäre auch für unseren Fall streng
genommen die korrekte Auswertungsmethode, da jede Versuchsperson je ein
Bild (A oder B) mit Hochspannungsleitungen und ein Bild (A oder B) ohne
Hochspannungsleitungen beurteilt (vgl. Kap. 1, S. 5). Wir verzichten
jedoch auf dieses Vorgehen, weil die Ergebnisse zumindest für den
Anfänger erheblich schwerer interpretierbar sind. Die Varianzanalyse für
unabhängige Gruppen ist zudem konservativer als die Varianzanalyse für
Meßwiederholungen. Ergeben sich also bei unserem Vorgehen signifikante
Mittelwertunterschiede, so wären diese auch mit dem anderen Verfahren
nachweisbar.

6.4. Einfaktorielle Varianzanalyse zur Prüfung der Effekte der Hochspannungsleitungen

Im Folgenden wollen wir prüfen, ob sich die Beurteilungen der Bilder Bm, Bo, Am und Ao signifikant unterscheiden. Wir können dies mit Hilfe der einfaktoriellen Varianzanalyse prüfen, wenn wir die Urteile über jedes der vier Bilder als jeweils eine Gruppe betrachten. Da uns insbesondere die Unterschiede zwischen den Bildern Bm und Bo, sowie Am und Ao interessieren, sind hier sogenannte a-priori-Vergleiche über den t-Test möglich.

6.4.1. A-Priori-Vergleiche in SPSS

In der Prozedur ONEWAY können a-priori-Vergleiche über das Unter-kommando CONTRAST = angefordert werden. Nach dem Gleichheitszeichen ist eine Koeffizientenliste anzugeben. Die Anzahl der Koeffizienten muß der Anzahl der Gruppen der Varianzanalyse entsprechen. Gruppen, deren Koeffizient ein positives Vorzeichen hat, werden zur Gruppe 1 zusammen-gefaßt. Entsprechend bilden die Gruppen mit negativen Vorzeichen die Gruppe 2. Gruppen, deren Koeffizienten den Wert 0 haben, bleiben in der Analyse unberücksichtigt. Es ist darauf zu achten, daß die Summe der Koeffizienten 0 ergibt.

Will man die Gruppe 1 mit der Gruppe 2 (Bild Bo mit Bm) vergleichen, so ist zu schreiben:

$$\text{CONTRAST} = 1, -1, 0, 0/$$

Für einen Vergleich der Gruppen 1 und 2 mit den Gruppen 3 und 4 ist beispielsweise zu schreiben:

$$\text{CONTRAST} = 1,1, -1, -1/$$

Es ist zu beachten, daß SPSS nicht prüft, ob die durchgeführten Ver-gleiche tatsächlich orthogonal sind.

90

6.4.2. Darstellung der Ergebnisse in SPSS

Im Rahmen der Analyse der Wirkung von Hochspannungsleitungen können folgende Fragen beantwortet werden:

1) Gibt es für die vier Bilder signifikante Beurteilungsunterschiede auf den drei Beurteilungsdimensionen "Vielfältigkeit, Natürlichkeit und Attraktivität"? Zur Beantwortung dieser Frage werden drei einfaktorielle Varianzanalysen durchgeführt.

2) Gibt es signifikante Unterschiede zwischen den Bildern Bo und Bm, sowie zwischen den Bildern Ao und Am und schließlich unterscheiden sich die Bilder A und B (ohne Berücksichtigung der Hochspannungsleitungen) voneinander? Da es sich hierbei um geplante orthogonale Vergleiche handelt, kann die Prüfung über drei t-Tests unter Adjustierung des Signifikanzniveaus durchgeführt werden.

3) Gibt es zusätzlich Unterschiede zwischen den Bildern? Hierfür sind die a-posteriori-Tsts erforderlich. Da die Gruppen annähernd gleich besetzt sind, wählen wir den Tukey-Test.

Den Aufruf sowie die Ergebnisse dieser Analyse zeigt die folgende SPSS-Ergebnisliste beispielhaft für die Variable NATUER (Natürlichkeit):

```
--------------------------------------------------------------------------------
Page   2     PRUEFUNG DER EFFEKTE DER HOCHSPANNUNGSLEITUNGEN              2/19/86
             UEBER EINFAKTORIELLE VARIANZANALYSEN

This procedure was completed at 19:17:08
COMPUTE    VIELFA = (SD03 + SD06 + SD09) / 3.
COMPUTE    NATUER = (SD04 + SD07 + SD10) / 3.
COMPUTE    ATTRAK = (SD05 + SD08 + SD11) / 3.
COMPUTE    NATSCHUT = (NAT2 + NAT6 + NAT7 + NAT8) / 4.
ONEWAY    VIELFA to ATTRAK by VAR1 (2,5)/                    --(1)
The raw data or transformation pass is proceeding
SPSS/PC has written      240 cases to the active file
   CONTRAST = 1,-1, 0, 0/                                    --(2)
   CONTRAST = 0, 0, 1,-1/
   CONTRAST =.5,.5,-.5,-.5                                   --(2)
   RANGES = TUKEY(.05)/                                      --(3)
   OPTIONS = 6/                                              --(4)
   STATISTICS = 1,3.                                         --(4)
```

- - - - - - - - - - O N E W A Y - - - - - - - - - -

Variable   NATUER
By Variable   VAR1   Bildidentifikation

Analysis of Variance

--(5)

Source	D.F.	Sum of Squares	Mean Squares	F Ratio	F Prob.
Between Groups	3	218.4576	72.8192	50.3209	0.0
Within Groups	156	225.7472	1.4471		
Total	159	444.2049			

--(6)

Group	Count	Mean	Standard Deviation	Standard Error	95 Pct Conf Int for Mean		
B-mit	40	2.8000	1.0094	.1596	2.4772	To	3.1228
B-ohne	40	5.2083	1.2327	.1949	4.8141	To	5.6026
A-mit	40	2.1083	1.0306	.1629	1.7787	To	2.4379
A-ohne	40	3.8417	1.4792	.2339	3.3686	To	4.3147
Total	160	3.4896	1.6714	.1321	3.2286	To	3.7506

Group	Minimum	Maximum
B-mit	1.0000	5.6667
B-ohne	2.3333	7.0000
A-mit	1.0000	5.0000
A-ohne	1.3333	7.0000
Total	1.0000	7.0000

- - - - - - - - - - O N E W A Y - - - - - - - - - -

    Variable   NATUER
By Variable   VAR1   Bildidentifikation

Contrast Coefficient Matrix

	B-mit	B-ohne	A-mit	A-ohne	
Contrast 1	1.0	-1.0	.0	.0	--(7)
Contrast 2	.0	.0	1.0	-1.0	
Contrast 3	.5	.5	-.5	-.5	--(7)

--(8)

Pooled Variance Estimate

	Value	S. Error	T Value	D.F.	T Prob.
Contrast 1	-2.4083	.2690	-8.953	156.0	.000
Contrast 2	-1.7333	.2690	-6.444	156.0	.000
Contrast 3	1.0292	.1902	5.411	156.0	.000

--(9)

Separate Variance Estimate

	Value	S. Error	T Value	D.F.	T Prob.
Contrast 1	-2.4083	.2519	-9.560	75.1	.000
Contrast 2	-1.7333	.2850	-6.081	69.6	.000
Contrast 3	1.0292	.1902	5.411	141.1	.000

--(10)

Tests for Homogeneity of Variances

    Cochrans C = Max. Variance/Sum(Variances) = .3780, P = .030 (Approx.)
    Bartlett-Box F =   2.547 , P = .054
    Maximum Variance / Minimum Variance   2.148

```
- - - - - - - - - - O N E W A Y - - - - - - - - - -
```

        Variable NATUER
    By Variable VAR1   Bildidentifikation

Multiple Range Test

Tukey-HSD Procedure
Ranges for the .050 level -

        3.68   3.68   3.68

The ranges above are table ranges.
The value actually compared with Mean(J)-Mean(I) is..
    .8506 * Range * Sqrt(1/N(I) + 1/N(J))

(*) Denotes pairs of groups significantly different at the .050 level

                                                            --(11)
                            A B A B
                            - - - -
                            m m o o
                            i i h h
                            t t n n
                                e e

        Mean   Group

        2.1083   A-mit
        2.8000   B-mit
        3.8417   A-ohne   * *
        5.2083   B-ohne   * * *   --(11)

    Homogeneous Subsets   (Subsets of groups, whose highest and lowest means
                            do not differ by more than the shortest
                            significant range for a subset of that size)

                                                            --(12)
SUBSET 1

Group   A-mit   B-mit
Mean   2.1083   2.8000
- - - - - - - - - - - - - - - - - -

SUBSET 2

Group   A-ohne
Mean   3.8417
- - - - - - - - - -

SUBSET 3

Group   B-ohne
Mean   5.2083   --(12)
- - - - - - - - - -
```
```

94

- - - - - - - - - - O N E W A Y - - - - - - - - - -

      Variable VIELFA
   By Variable VAR1   Bildidentifikation

Multiple Range Test

Tukey-HSD Procedure
Ranges for the .050 level -

          3.68   3.68   3.68

The ranges above are table ranges.
The value actually compared with Mean(J)-Mean(I) is..
        .8897 * Range * Sqrt(1/N(I) + 1/N(J))

(*) Denotes pairs of groups significantly different at the .050 level
                                                            --(13)

                         B B A A
                         - - - -
                         m o m o
                         i h i h
                         t n t n
                           e   e

     Mean   Group

     3.4250   B-mit
     4.0085   B-ohne
     4.2917   A-mit   *
     4.5500   A-ohne   *   --(13)

(1)   Aufruf der einfaktoriellen Varianzanalyse über die Prozedur ONEWAY. Da in der Variable VAR1 (Bildidentifikation) Bild S mit "1" kodiert ist, bleiben durch die Angabe von "2" als Minimum und "5" als Maximum die Bilder Bo, Bm, Ao und Am in der Analyse. Bild S wird ausgeschlossen.

(2)   Aufruf der a-priori-Vergleiche (t-Test). Durch das erste Schlüsselwort CONTRAST wird der Vergleich von Bm und Bo angefordert. Der zweite Aufruf bewirkt den Vergleich von Am und Ao. Der dritte CONTRAST-Aufruf bewirkt den Vergleich der Bilder B (positive Vorzeichen) und A (negative Vorzeichen) ohne Berücksichtigung der Hochspannungsleitungen.

(3)   Aufruf der multiplen a-posteriori-Vergleiche über den Tukey-Test durch das Schlüsselwort RANGES. In Klammern wird das Signifikanzniveau (5%) spezifiziert.

(4)   Die Anforderung OPTIONS = 6 bewirkt, daß die ersten acht Zeichen der Value-Labels der unabhängigen Variablen (VAR1) zur Kennzeichnung der Gruppen verwendet werden. Dies erhöht, wie im folgenden erkenntlich wird, die Verständlichkeit der Ergebnisliste. STATISTICS = 1 gibt statistische Kennwerte (Fallzahl, Mittelwert, Standardabweichung, Standardfehler des Mittelwertes, 95 % Konfidenzintervall, Minimum und Maximum) für die einzelnen Gruppen und die Gesamtstichprobe aus. STATISTICS = 3 bewirkt die Ausgabe von Tests auf Varianzhomogenität.

(5)   Ausgabe der Anzahl der Freiheitsgrade, der Zerlegung der Variation (Sums of Squares), der Varianzen oder mittleren Quadrate (Mean Squares), des F-Bruches und des Signifikanzniveaus. Wie das Ergebnis zeigt, sind die Mittelwertunterschiede hoch signifikant (p kleiner als 0.001).

(6)   Ausgabe der statistischen Kennwerte für die einzelnen Gruppen und die Gesamtstichprobe. Betrachtet man die Mittelwerte (MEAN), so wird deutlich, daß die Bilder ohne Hochspannungsleitungen bezüglich der Natürlichkeit erheblich höher eingestuft wurden als die Bilder mit Hochspannungsleitungen. Die Standardabweichung der

96

Beurteilungen (STAND-DEV) ist bei den Bildern ohne Hochspannungsleitungen ebenfalls etwas höher; d.h. die Übereinstimmung der
Beurteilungen ist für Bilder mit Hochspannungsleitungen tendenziell etwas höher.

(7) Ausgabe der Kontrast-Koeffizienten Matrix (vgl. (2)). Damit wird
dargestellt, wie SPSS die unter dem Schlüsselwort CONTRAST
aufgeführten Koeffizienten interpretiert, d.h. welche Gruppen
gebildet bzw. verglichen werden.

(8) Ausgabe der Ergebnisse der a-priori-Vergleiche (t-Test) für
homogene Varianzen.

(9) Ausgabe der Ergebnisse der a-priori-Vergleiche (t-Test) für
heterogene Varianzen. Dieser ist in diesem Falle zu interpretieren
(vgl. (10)). Wir sehen daraus und unter Berücksichtigung von (6),
daß das Bild Bo signifikant als natürlicher beurteilt wurde im
Vergleich zu Bm. Ebenso wurde Ao signifikant mehr Natürlichkeit
zugesprochen als Am. Ebenso werden die Bilder B (m und o) im
Vergleich zu den Bildern A als natürlicher beurteilt. Da alle drei
Signifikanzkoeffizienten kleiner als $p = .001$ sind, gilt auch die
Aussage für die adjustierten Signifikanzkoeffizienten auf dem
1-Promille-Niveau.

(10) Ausgabe der Ergebnisse der Tests auf Homogenität der Varianzen.
Sowohl nach Cochran's C als auch nach Bartlett-Box-F muß die
Annahme der Varianzhomogenität auf dem 10 %-Niveau zurückgewiesen
werden.
Hartley's F-Test ergibt einen Wert von 2.15. D.h. die größte
Varianz beträgt das 2.15-fache der kleinsten Varianz. In Anbe-
tracht des hohen Signifikanzniveaus der Mittelwertunterschiede der
Varianzanalyse (vgl. (5) und der annähernd gleichen Gruppengrößen,
sind die Konsequenzen vernachlässigbar, die sich aus der Verletzung der Varianzhomogenitätsannahme ergeben. Wir können davon
ausgehen, daß die Mittelwertunterschiede in jedem Fall auf dem
1 Promille-Niveau ($p = 0.001$) signifikant sind.

(11) Ausgabe der Ergebnisse des multiplen Vergleichstests (Tukey-Test) für die Variable Natürlichkeit. Mit "*" sind die Gruppen gekennzeichnet, deren Mittelwerte mit höchstens 5% Irrtumswahrscheinlichkeit als unterschiedlich betrachtet werden können. Demnach bestehen hier nur zwischen Am und Bm keine signifikanten Unterschiede. Alle anderen Unterschiede sind zumindest auf dem 5%-Niveau signifikant.

(12) Hier erfolgt eine andere Art der Ausgabe des multiplen Vergleichstests (Tukey-Test) für die Variable Natürlichkeit. Gruppen, die gemeinsam einem "SUBSET" angehören, unterscheiden sich nicht signifikant voneinander.

(13) Ausgabe der Ergebnisse der multiplen Vergleichstests (Tukey-Test) für die Variable Vielfältigkeit. Hier unterscheidet sich lediglich die Gruppe Bm von den Gruppen Am und Ao. Alle anderen Unterschiede sind statistisch nicht bedeutsam.

Aus Platzgründen wurden hier lediglich die Ergebnisse bezüglich des Natürlichkeitsurteils ausführlich dargestellt. Wir wollen deshalb hier eine kurze Zusammenfassung der Ergebnisse vornehmen. Für alle drei abhängigen Variablen ergaben sich hochsignifikante Mittelwertunterschiede in der Varianzanalyse (p kleiner als 0.001). Dabei wird erkenntlich, daß die Hochspannungsleitungen die Erlebniswirkungen erheblich beeinträchtigen. Am stärksten trifft dies für die Erlebnisdimension Natürlichkeit zu, geringfügig weniger stark für die Attraktivität und am wenigsten für die Vielfältigkeit.

98

6.5. Rangvarianzanalyse zur Prüfung der Effekte der Hochspannungsleitungen

Da die Rangvarianzanalyse bereits im Abschnitt 6.2 ausführlich dargestellt wurde, können wir uns auf die Interpretation der Ergebnisse konzentrieren.

Page   12   PRUEFUNG DER EFFEKTE DER HOCHSPANNUNGSLEITUNGEN   2/19/86
          UEBER EINFAKTORIELLE VARIANZANALYSEN

This procedure was completed at 19:18:55
SUBTITLE   Pruefung ueber Rangvarianzanalyse .
NPAR TESTS K-W = VIELFA to ATTRAK by VAR1 (2,5).   --(1)

***** WORKSPACE allows for   1658 cases for NPAR TESTS *****

Page   13   PRUEFUNG DER EFFEKTE DER HOCHSPANNUNGSLEITUNGEN   2/19/86
     PRUEFUNG UEBER RANGVARIANZANALYSE

- - - - - Kruskal-Wallis 1-way ANOVA

      VIELFA
   by VAR1   Bildidentifikation

      Mean Rank   Cases

          57.40   40   VAR1 = 2   B-mit   --(2)
          77.53   39   VAR1 = 3   B-ohne
          87.32   40   VAR1 = 4   A-mit
          97.69   40   VAR1 = 5   A-ohne   --(2)
                       ---
                       159   Total

                                          Corrected for Ties
          CASES   Chi-Square Significance   Chi-Square Significance
          159   16.6648   .0008   16.8171   .0008
                                                   --(3)--

- - - - - Kruskal-Wallis 1-way ANOVA

   NATUER
by VAR1   Bildidentifikation

   Mean Rank   Cases

```
        63.66      40    VAR1 = 2    B-mit        --(2)
       126.20      40    VAR1 = 3    B-ohne
        40.05      40    VAR1 = 4    A-mit
        92.09      40    VAR1 = 5    A-ohne       --(2)
                  ---
                  160    Total
```

			Corrected for Ties	
CASES	Chi-Square	Significance	Chi-Square	Significance
160	77.1888	.0000	77.5488	.0000

                                      --(3)--

- - - - - Kruskal-Wallis 1-way ANOVA

   ATTRAK
by VAR1   Bildidentifikation

   Mean Rank   Cases

```
        66.80      40    VAR1 = 2    B-mit        --(2)
       123.20      40    VAR1 = 3    B-ohne
        44.79      40    VAR1 = 4    A-mit
        87.21      40    VAR1 = 5    A-ohne       --(2)
                  ---
                  160    Total
```

			Corrected for Ties	
CASES	Chi-Square	Significance	Chi-Square	Significance
160	62.0762	.0000	62.4111	.0000

                                      --(3)--

---

(1)   Aufruf der Kruskal-Wallis Rangvarianzanalyse. Durch die Angabe von "2" als Minimum und "5" als Maximum bei der Variablen VAR1 (=Bildidentifikation) werden nur die Bilder Bm; Bo; Am und Ao berücksichtigt.

(2)   Ausgabe der mittleren Ränge und der jeweils dazugehörigen Fallzahlen für die Ausprägungen der unabhängigen Variablen.

(3)   Ausgabe der für verbundene Ränge korrigierten Prüfgröße H und des dazugehörigen Signifikanzniveaus.

Wir können für alle drei abhängigen Variablen signifikante Mittelwertunterschiede feststellen (p kleiner als 0.001). Unter Berücksichtigung der
mittleren Ränge lassen sich die Ergebnisse wie folgt interpretieren:

Die Bilder ohne Hochspannungsleitungen (geradzahlige Gruppenwerte) weisen
höhere Werte für die mittleren Ränge auf als die Bilder mit Hochspannungsleitungen. Daraus folgt, daß die Bilder ohne Hochspannungsleitungen als
vielfältiger, natürlicher und attraktiver beurteilt wurden, da ein hoher
Skalenwert eine starke Ausprägung bezüglich der Beurteilungsdimension
bedeutet.

Aufgrund der vorliegenden Ergebnisse wissen wir jedoch noch nicht, welche
Gruppen sich signifikant unterscheiden. Hierfür ist die Berechnung der
multiplen Vergleiche notwendig (vgl. Abschnitt 6.2.2., S. 86f.). Hier wird
die Berechnung noch einmal exemplarisch für die Variable Natürlichkeit
demonstriert:

Wir berechnen zunächst die Differenzmatrix zwischen den mittleren Rängen für
die Bilder. Dabei ergibt sich:

	Bo	Am	Ao
Bm	62.54	23.61	28.43
Bo	-	86.15	34.11
Am	-	-	52.04

Da alle Gruppen 40 Fälle aufweisen, muß nur eine kritische Distanz berechnet
werden.

Es ergibt sich:

$$d_{krit} = \sqrt{.05\ Chiqu._{(df=3)}} * \sqrt{\frac{N * (N+1)}{12}} * \sqrt{\frac{1}{n_i} + \frac{1}{n_j}}$$

$$d_{krit} = \sqrt{7.81} * \sqrt{\frac{160 * 161}{12}} * \sqrt{\frac{1}{40} + \frac{1}{40}}$$

$$d_{krit} = 2.795 * 46.33 * .223$$

$$d_{krit} = 28.95$$

Absolute Differenzen, die größer oder gleich dem kritischen Wert d_{krit} sind, können als signifikante Unterschiede betrachtet werden. Damit ergeben sich in der Differenzmatrix folgende signifikante Unterschiede, die mit "*" gekennzeichnet werden:

	Bo	Am	Ao
Bm	62.54*	23.61	28.43
Bo	-	86.15*	34.11*
Am	-	-	52.04*

Wir sehen hier, daß die multiplen Mittelwertvergleiche nach der Rangvarianzanalyse etwas konservativer sind als der Tukey-Test, da der Unterschied zwischen Bm und Ao nach dem Tukey-Test auf dem 5 %-Niveau signifikant war. Hier bleibt der Unterschied jedoch unterhalb der Signifikanzgrenze.

6.6. Prüfung der Effekte der Hochspannungsleitungen über die zweifaktorielle Varianzanalyse

Mit Hilfe der einfaktoriellen Varianzanalyse konnten bereits einige Fragen beantwortet werden. Wir konnten beispielsweise feststellen, daß zwischen den vier Bildern hochsignifikante Beurteilungsunterschiede auftreten. Weiterhin konnten wir über die a-priori bzw. über die a-posteriori-Vergleiche fest- stellen, welche Bilder signifikant unterschiedlich beurteilt werden. Wir können jedoch noch nichts - oder nur sehr eingeschränkt - darüber aussagen, ob die Effekte, die von den Bildern und von den Hochspannungsleitungen ausgehen, jeder für sich genommen, signifikant sind. Ebenso kann wenig darüber ausgesagt werden, ob die Wirkungen, die von den Hochspannungs- leitungen ausgehen, bei beiden Bildern gleichartig sind.

Hier kann uns eine zweifaktorielle Varianzanalyse die benötigten Informationen geben.

Die zwei Faktoren sind:

1) Die Beurteilung der Bilder A und B (ohne Berücksichtigung der Hoch- spannungsleitungen)

2) Die Beurteilung der Bilder mit und ohne Hochspannungsleitungen (ohne Berücksichtigung , ob es sich um Bild A oder B handelt).

Wir erhalten damit folgendes Design:

Faktor 1 / Faktor 2	Bild A	Bild B
mit Hochspannungsleitungen	Bild A mit	Bild B mit
ohne Hochspannungsleitungen	Bild A ohne	Bild B ohne

6.6.1. Voraussetzungen für die mehrfaktorielle Varianzanalyse

Die Voraussetzungen für die Anwendung der mehrfaktoriellen Varianzanalyse entsprechen denen für die Anwendung der einfaktoriellen Varianzanalyse.

Voraussetzungen sind:

1) Intervallskalierung der abhängigen Variablen.

2) Die Gruppen sollten aus bezüglich der abhängigen Variablen normalverteilten Grundgesamtheiten stammen.

3) Die Varianzen der abhängigen Variablen sollten in den einzelnen Grundgesamtheiten ungefähr gleich sein (Varianz-homogenität).

4) Die Gruppenbesetzung sollte gleich oder proportional sein.

Verletzungen der Voraussetzungen 1 bis 3 haben die gleichen Konsequenzen wie bei der einfaktoriellen Varianzanalyse (vgl. S. 69f.).

Die Verletzung der Voraussetzung 4 bringt zusätzliche Komplikationen mit sich, die näher besprochen werden.

Gleiche Zellenbesetzung haben wir beispielsweise:

	Bild A	Bild B
mit Hochspannungsleitungen	n = 40	n = 40
ohne Hochspannungsleitungen	n = 40	n = 40

eine proportional gleiche Zellenbesetzung haben wir z.B. bei:

	Bild A	Bild B
mit Hochspannungsleitungen	n = 40	n = 30
ohne Hochspannungsleitungen	n = 40	n = 30

Die Voraussetzung 4 wäre etwa bei folgender Konstellation erheblich verletzt:

	Bild A	Bild B
mit Hochspannungsleitungen	n = 60	n = 28
ohne Hochspannungsleitungen	n = 13	n = 84

Dies würde auch bei der Erfüllung aller anderen Voraussetzungen zu ernsten Konsequenzen führen. Die Wirkung der beiden Faktoren könnte in diesem Fall nämlich nicht mehr unabhängig geschätzt werden. Damit kann unter Umständen nicht mehr gesagt werden, von welchem der beiden Faktoren eine signifikante Wirkung ausgeht.
Bei disproportionalen Zellenbesetzungen ist also die Orthogonalität (Unkorreliertheit) der Wirkung der Faktoren nicht mehr gegeben. Von GLASER (1978, S. 165) wird die Ansicht vertreten, daß bei der Planung einer varianzanalytisch auszuwertenden Untersuchung möglichst kein vertretbarer Aufwand gescheut werden sollte, um gleiche Zellenbesetzung zu gewährleisten.

Als empfehlenswertes Verfahren zur nachträglichen Angleichung der Zellbesetzungen wird die Eliminierung von Fällen nach dem Zufall aus den überbesetzten Zellen vorgeschlagen.

6.6.2. Der mathematische Hintergrund der mehrfaktoriellen Varianzanalyse

Auch bei der zwei- oder mehrfaktoriellen Varianzanalyse läßt sich die Gesamtvariation zerlegen nach der Formel:

$$SS_{tot} = SS_{betw} + SS_{within}$$

Während bei der einfaktoriellen Varianzanalyse die erklärte Variartion nur
einem Faktor zugerechnet werden kann, läßt sich bei der mehrfaktoriellen (in
unserem Fall zweifaktoriellen) Varianzanalyse eine weitere Zerlegung der
Varianz vornehmen:

$$SS_{tot} = SS_1 + SS_2 + SS_{1*2}$$

SS_1 = Variation, die auf den Faktor 1 (Bilder) zurückzuführen ist

SS_2 = Variation, die auf den Faktor 2 (Hochspannungsleitungen) zurück-
zurückzuführen ist

SS_{1*2} = Variation, die auf die Wechselwirkung (Interaktion) zwischen den
Faktoren 1 und 2 zurückzuführen ist (Auf die Bedeutung der
Interaktion wird im folgenden ausführlich eingegangen).

Bei der zweifaktoriellen Varianzanalyse lassen sich damit insgesamt 5
Signifikanztests durchführen:

1) Es kann geprüft werden, ob von den Bildern A und B (Faktor 1) signifikante Beurteilungsunterschiede ausgehen. Für diesen Faktor gibt
es k-1 Freiheitsgrade (k = Anzahl der Gruppen des Faktors 1), d.h.
in unserem Falle ist die Anzahl der Freiheitsgrade = 1.

2) Es kann geprüft werden, ob von der Darstellung der Hochspannungsleitungen (oder deren Retouchierung) ein signifikanter Effekt ausgeht. Für diesen Faktor gibt es l-1 Freiheitsgrade (l = Anzahl der
Gruppen des Faktors 2), d.h. in unserem Falle ist die Anzahl der
Freiheitsgrade = 1.

3) Es kann die Wirkung, die von den Faktoren 1 und 2 gemeinsam ausgeht,
auf Signifikanz geprüft werden. Diese werden als Haupteffekte
(MAIN EFFECTS) bezeichnet. Bei unabhängigen Faktoren gilt:

$$SS_{MAIN} = SS_1 + SS_2$$

Die Variation der Haupteffekte ist die Summe der Variation der beiden Faktoren. Die Anzahl der Freiheitsgrade beträgt $(k-1) + (l-1)$, in unserem Falle also 2.

4) Es kann geprüft werden, ob von der Wechselwirkung zwischen dem Faktor 1 und Faktor 2 signifikante Effekte ausgehen. Sind die Wechselwirkungen nicht signifikant, so kann ein additives Zusammenwirken der beiden Faktoren angenommen werden.

   Für die Prüfung der Wechselwirkungen (Interaktion) ergeben sich $(k-1) * (l-1)$ Freiheitsgrade, d.h. bei uns ist die Anzahl der Freiheitsgrade gleich 1.

5) Schließlich kann noch geprüft werden, ob die durch die beiden Faktoren 1 + 2 und die durch die Wechselwirkung zwischen den Faktoren erklärte Variation signifikant ist.

   Da gilt: $SS_{betw.} = SS_1 + SS_2 + SS_{1*2}$.

Es ergibt sich also hier das gleiche Resultat wie bei der einfaktoriellen Varianzanalyse, in der die vier Bilder die Gruppen bildeten. Die Freiheitsgrade berechnen sich für die erklärte Variation wie folgt:

$$(k-1) + (l-1) + (k-1) * (l-1).$$

Wir erhalten also auch hier wie bei der einfaktoriellen Varianzanalyse drei Freiheitsgrade.

Bei der mehrfaktoriellen Varianzanalyse erfolgten die Signifikanzprüfungen analog zur einfaktoriellen Varianzanalyse über den F-Bruch (vgl. S. 71f). Dabei wird die erklärte Varianz (Variation dividiert durch die Anzahl der Freiheitsgrade) durch die unerklärte Varianz dividiert. Es erfolgt bei der mehrfaktoriellen Varianzanalyse jedoch eine differenziertere Aufteilung der erklärten Varianz, so daß wir bereits bei der zweifaktoriellen Varianzanalyse fünf F-Brüche auf Signifikanz prüfen können.

Ist man besonders an der Frage der Wirkung eines Faktors (z.B. in unserem
Falle der Bilder A und B) interessiert, so hat die Anwendung der zweifaktoriellen Analyse gegenüber der einfaktoriellen Analyse, in die nur
dieser Faktor eingeht [1]), dennoch Vorteile:
Will man die Wirkung testen, die von den Bildern ausgeht, ohne das
Vorhandensein von Hochspannungsleitungen zu berücksichtigen, so wird die
auf die Hochspannungsleitungen zurückzuführende Variation zur Fehler-
variation gerechnet. Ebenso wird mit der auf die Interaktion zwischen den
beiden Variablen zurückzuführende Variation verfahren. Damit bietet die
Berücksichtigung weiterer erklärungskräftiger Faktoren vielfach die
Chance, daß die Wirkung eines Faktors als signifikant ausgewiesen wird.

6.6.3. Zur Interpretation von Interaktionseffekten

Über die Interaktionseffekte kann die Art des Zusammenwirkens der
Faktoren geprüft werden. Eine Veranschaulichung zeigen die Abbildungen 7
und 8.

Abb. 7: Exemplarische Darstellung für das Fehlen von Interaktionseffekten

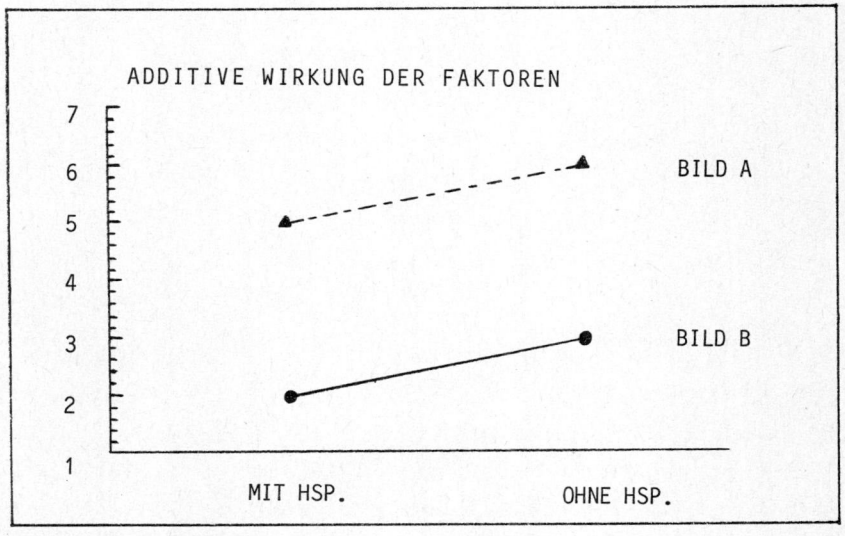

----
1) Bei zwei Gruppen führt die Varianzanalyse und der t-Test zu dem
gleichen Ergebnis, da gilt:

$t^2_{(n-2)} = F_{(1,n-2)}$ $(n-2)$ $(1,n-2)$ = Freiheitsgrade.

Die beiden Geraden verlaufen annähernd parallel. Die Wirkung der beiden
Faktoren kann addiert werden.
Sind die Interaktionseffekte zwischen zwei (oder mehr) Faktoren signifikant, so sollte man sich zur besseren Interpretation die Ergebnisse
graphisch darstellen. Je stärker die Interaktionseffekte sind, desto
unterschiedlicher sind die Wirkungen des einen Faktors in Abhängigkeit
vom anderen Faktor.

Bei entgegengesetzten Wirkungsrichtungen ist die durch die Haupteffekte
erklärte Variation relativ gering, während die durch die Interaktion
erklärte Variation relativ groß ist. In diesem Fall ist eine getrennte
Interpretation der Effekte nicht sinnvoll.

Abb. 8:   Exemplarische Darstellung starker Interaktionseffekte

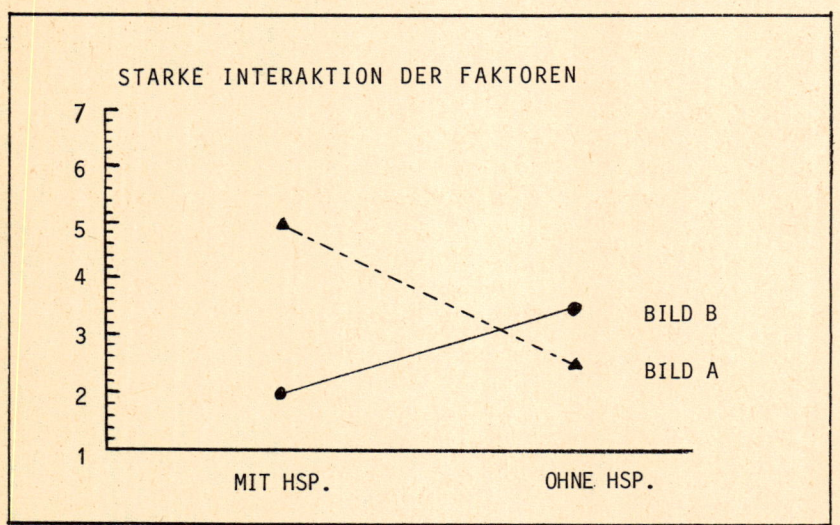

Im Extremfall kreuzen sich die beiden Geraden. Hier kann die Wirkung des
einen Faktors ohne Berücksichtigung des anderen nicht interpretiert
werden.

6.6.4. Mehrfaktorielle Varianzanalysen in SPSS

Der Aufruf von mehrfaktoriellen Varianzanalysen kann in SPSS über die Prozeduren ANOVA und MANOVA erfolgen. Zunächst wird hier die Prozedur ANOVA dargestellt, daran anschließend folgt die Darstellung der zweifaktoriellen Varianzanalyse über die Prozedur MANOVA.

Die dazugehörigen SPSS-Ergebnislisten werden aus Platzgründen nur ausschnittweise für die abhängige Variable Natürlichkeit dargestellt.

Anzumerken ist noch, daß bei der Speicherung unserer Daten nur die einzelnen Bilder identifiziert wurden. Zur Durchführung der zwei-faktoriellen Varianzanalyse müssen deshalb über IF-Kommandos die zwei Faktoren und ihre Ausprägungen gebildet werden.

```
---------------------------------------------------------------------------
Page   2                          SPSS/PC+                           4/2/86

This procedure was completed at 18:34:06
title  "Pruefung der Effekte der Hochspannungsleitungen".
subtitle "Pruefung ueber ANOVA".
COMPUTE        VIELFA = (SD03 + SD06 + SD09) / 3.
COMPUTE        NATUER = (SD04 + SD07 + SD10) / 3.
COMPUTE        ATTRAK = (SD05 + SD08 + SD11) / 3.
COMPUTE        NATSCHUT = (NAT2 + NAT6 + NAT7 + NAT8) / 4.
IF        (VAR1 = 2 or VAR1 = 3)  BILD = 1.           --(1)
IF        (VAR1 = 4 or VAR1 = 5)  BILD = 2.
IF        (VAR1 = 2 or VAR1 = 4)  ELEM = 1.
IF        (VAR1 = 3 or VAR1 = 5)  ELEM = 2.           --(1)
VALUE LABELS    BILD 1 "Bild B" 2 "Bild A"/           --(2)
        ELEM 1 "vorhanden" 2 "nicht vorhanden".
VAR LABELS      ELEM "Hochspannungsleitungen im Bild". --(2)
ANOVA       VIELFA to ATTRAK by BILD(1,2),ELEM(1,2)/ --(3)
The raw data or transformation pass is proceeding
    240 cases are written to the uncompressed active file.
        STATISTICS = 1,3.                            --(4)

'ANOVA' PROBLEM REQUIRES      594 BYTES OF MEMORY.
```

110

* * * C E L L   M E A N S * * *

```
                NATUER
          BY BILD
             ELEM      Hochspannungsleitungen im Bild
```

TOTAL POPULATION

```
     3.48                                                  --(5)
 (   159)
```


BILD
```
         1            2

     3.99         2.98                                     --(6)
 (    79)  (     80)
```


ELEM
```
         1            2

     2.45         4.51                                     --(7)
 (    80)  (     79)
```


```
          ELEM
                 1            2
BILD
      1        2.80         5.21                            --(8)
             (   40)  (     39)

      2        2.11         3.84
             (   40)  (     40)                            --(8)
```

* * * A N A L Y S I S   O F   V A R I A N C E * * *

```
        NATUER
   BY   BILD
        ELEM     Hochspannungsleitungen im Bild
```

Source of Variation		Sum of Squares	DF	Mean Square	F	Signif of F
Main Effects	--(9)	210.569	2	105.284	72.294	.000
BILD		41.794	1	41.794	28.698	.000
ELEM	--(9)	169.833	1	169.833	116.617	.000
2-way Interactions		4.484	1	4.484	3.079	.081
BILD ELEM	--(10)	4.484	1	4.484	3.079	.081
Explained	--(11)	215.053	3	71.684	49.223	.000
Residual		225.731	155	1.456		
Total		440.784	158	2.790		

```
   240 Cases were processed.
   81 CASES ( 33.8 PCT) were missing.
```
---

* * * M U L T I P L E   C L A S S I F I C A T I O N   A N A L Y S I S * * *

```
        NATUER
   By   BILD
        ELEM     Hochspannungsleitungen im Bild
```

Grand Mean =   3.478

Variable + Category	N	Unadjusted Dev'n	Eta	Adjusted for Independents Dev'n	Beta	Adjusted for Independents + Covariates Dev'n	Beta
BILD							
1 Bild B	79	.51		.52			
2 Bild A	80	-.50		-.51			
			.30 --(12)		.31		
ELEM							
1 vorhanden	80	-1.02		-1.03			
2 nicht vorhanden	79	1.04		1.04			
			.62 --(13)		.62		
Multiple R Squared					.478	--(14)	
Multiple R					.691		

(1)　IF-Anweisungen zur Bildung der beiden Faktoren (unabhängige
　　　Variablen) für die zweifaktorielle Varianzanalyse.

(2)　VALUE-LABELS und VAR-LABELS für die beiden neu erzeugten Variablen.

(3)　Aufruf der mehrfaktoriellen Varianzanalyse über die Prozedur ANOVA.
　　　Nach dem Schlüsselwort by werden die unabhängigen Variablen aufge-
　　　führt. In Klammern ist jeweils Minimum und Maximum der Variable
　　　anzugeben.

(4)　Zusätzliche Leistungen können über das OPTIONS- und STATISTICS-
　　　Unterkommando angefordert werden.

　　　STATISTICS=1 bewirkt Anforderung der multiplen Klassifikations-
　　　analyse (vgl. ANDREWS, MORGAN, SONQUIST & KLEIN 1973). Die multiple
　　　Klassifikationsanalyse ist besonders bei nichtorthogonalen Faktoren
　　　sinnvoll, jedoch nur wenn keine signifikanten Interaktionseffekte
　　　vorliegen.

　　　STATISTICS=3 bewirkt die Ausgabe der Häufigkeiten und Mittelwerte
　　　für die einzelnen Zellen und für die Faktoren (vgl. (5) bis (8).

　　　Über das OPTIONS-Unterkommando kann unter anderem die Behandlung
　　　von Interaktionseffekten gesteuert werden.

　　　OPTIONS = 3 bewirkt die Unterdrückung aller Interaktionseffekte.
　　　OPTIONS = 4 unterdrückt Interaktionen zwischen drei oder mehr
　　　Variablen.
　　　OPTIONS = 5 unterdrückt Interaktionen zwischen vier oder mehr
　　　Variablen.
　　　OPTIONS = 6 unterdrückt Interaktionen zwischen fünf Variablen.

(5)　Ausgabe des Mittelwertes der abhängigen Variablen (Natürlichkeit)
　　　für die Gesamtstichprobe. In Klammern wird die Fallzahl angegeben.

(6) Ausgabe der Mittelwerte für den Faktor 1: Bild B (= 1) und Bild A (= 2). Die Fallzahlen stehen jeweils in Klammern.

(7) Ausgabe der Mittelwerte für den Faktor 2: mit Hochspannungsleitungen (= 1); ohne Hochspannungsleitungen (= 2). Die Fallzahlen stehen jeweils in Klammern.

(8) Ausgabe der Zellenmittelwerte unter Berücksichtigung beider Faktoren. Die Fallzahlen stehen jeweils in Klammern.

(9) Ausgabe der Ergebnisse für die Haupteffekte der Varianzanalyse. Dabei wird erkennbar, daß die beiden Faktoren zusammengenommen (MAIN EFFECTS) und jeder der beiden Faktoren für sich allein einen signifikanten Erklärungsbeitrag leisten (p kleiner als 0.001). Addiert man die Sums of Squares für BILD und ELEM, so ergibt sich ein geringfügig höherer Betrag (211.627) als der, der bei MAIN EFFECTS ausgewiesen ist. Das bedeutet, daß beide Faktoren nicht vollständig unabhängig sind. Betrachtet man die Fallzahlen unter (8), so erkennt man, daß das Bild B (1) ohne Hochspannungsleitungen (2) nur von 39 Probanden beurteilt wurde, alle anderen Bilder aber von 40 Versuchspersonen.

(10) Ausgabe der Signifikanzprüfung für die Interaktionseffekte. Das Signifikanzniveau (p = 0.081) ist in diesem Fall nur in Abhängigkeit von der Hypothese über die Interaktion zu interpretieren. Geht man davon aus, daß signifikante Interaktionseffekte erwartet werden, so ist auf den 5%-Niveau zu testen. Dies hat zur Konsequenz, daß die Null-Hypothese beibehalten werden muß.

Nimmt man ein additives Modell an, so ist zur Verminderung des beta-Fehlers auf dem 10%-Niveau zu testen, mit der Konsequenz, daß die Null-Hypothese zurückgewiesen werden muß.

(11) Ausgabe der Signifikanz der durch das varianzanalytische Modell insgesamt erklärten Variation. Dieses Ergebnis entspricht nahezu dem Ergebnis der einfaktoriellen Varianzanalyse. Die Abweichungen sind

dadurch zu erklären, daß ein Fall, der für die Variable Vielfältigkeit einen fehlenden Wert aufweist, in der Prozedur ANOVA auch
für die Natürlichkeit ausgeschlossen wurde, in der Prozedur ONEWAY
jedoch für die Natürlichkeit beibehalten wurde.

(12) Ausgabe der Ergebnisse der multiplen Klassifikationsanalyse für den
Faktor 1 (Unterschiede zwischen den Bildern). Hier ist der Wert
Eta = .30 ein Indikator für die Stärke des Einflusses des Faktors 1.

(13) Ausgabe der Ergebnisse der multiplen Klassifikationsanalyse für den
Faktor 2 (Wirkung der Hochspannungsleitungen). Der Wert Eta = 0.62
ist größer als für den Faktor 1. Da die Bilder willkürlich
ausgewählt wurden und keine Zufallsauswahl aus den Landschaften
(des Großraums Nürnberg) darstellen, sind nur singuläre Aussagen
ableitbar: In diesem Fall wird mehr Varianz durch das Vorhandensein
oder Fehlen der Hochspannungsleitungen erklärt.
Generalisierte Aussagen wie z.B.: "Die von den Hochspannungsleitungen ausgehende Erlebniswirkungen sind stärker als die von den
Bildunterschieden ausgehenden" sind wegen der fehlenden Repräsen-
tativität der Bildauswahl nicht zulässig.

(14) Ausgabe der durch die Haupteffekte erklärte Varianz (eigentlich
Variation), diese beträgt annähernd 50 %.

Im Folgenden wird nun der Aufruf der mehrfaktoriellen Varianzanalyse über
die Prozedur MANOVA dargestellt:

```
This procedure was completed at 18:52:26
MANOVA      NATUER by BILD(1,2),ELEM(1,2)/          --(1)
            PRINT CELLINFO(MEANS)                   --(2)
            HOMOGENITY(BARTLETT)/                   --(3)
            METHOD=ESTIMATION(NOCONSTANT)/          --(4)
            DESIGN.                                 --(5)

    160 cases accepted.                             --(6)
      0 cases rejected because of out-of-range factor values.
     80 cases rejected because of missing data.
      4 non-empty cells.                            --(6)

      1 design will be processed.
```

- - - - - - - - - -
Cell Means and Standard Deviations   --(7)
Variable .. NATUER
     FACTOR   CODE   Mean Std. Dev.   N

  BILD   Bild B
   ELEM   vorhande   2.800   1.009   40
   ELEM   nicht vo   5.208   1.233   40
  BILD   Bild A
   ELEM   vorhande   2.108   1.031   40
   ELEM   nicht vo   3.842   1.479   40
  For entire sample   3.490   1.671   160

- - - - - - - - - -
Univariate Homogeneity of Variance Tests   --(8)

Variable .. NATUER

     Bartlett-Box F(3,43805) =   2.54722, P = .054

- - - - - - - - - -

Page 20   Pruefung der Effekte der Hochspannungsleitungen   4/4/86
Pruefung ueber MANOVA

* * ANALYSIS OF VARIANCE -- DESIGN   1 * *   --(9)--

Tests of Significance for NATUER using UNIQUE sums of squares
Source of Variation   SS   DF   MS   F Sig of F

WITHIN CELLS   225.75   156   1.45

BILD   42.37   1   42.37   29.28   .000
ELEM   171.53   1   171.53   118.54   .000
BILD BY ELEM   4.56   1   4.56   3.15   .078

- - - - - - - - - -
     3232 BYTES OF WORKSPACE NEEDED FOR MANOVA EXECUTION.
----

(1) Aufruf der Prozedur MANOVA. Da nur eine abhängige Variable spezifiziert wird, wird eine univariate, zweifaktorielle Varianz- analyse durchgeführt. Nach dem Schlüsselwort by werden die unab- hängigen Variablen aufgeführt.

(2) Die Anforderung von statistischen Zusatzinformationen erfolgt in der Prozedur MANOVA nicht über das STATISTICS- sondern über das PRINT- Unterkommando. Die Spezifikation CELLINFO(MEANS) bewirkt die Ausgabe von Mittelwerten, Standardabweichungen und Fallzahlen für die einzelnen Zellen und die Gesamtpopulation.

(3) Über das Schlüsselwort HOMOGENITY können Homogenitätstests angefor- dert werden. Für den univariaten Fall stehen der Bartlett-Box-Test über die Spezifikation HOMOGENITY(BARTLETT) und Cochran's C über die Spezifikation HOMOGENITY(COCHRAN) zur Verfügung.

(4) Das Unterkommando METHOD steuert die Berechnungsart der Varianz- analyse. Hier kann unter anderem auch entschieden werden, ob der Re- gressionsansatz (Voreinstellung) oder die hierarchische Zerlegung der Quadratsummen gewählt wird. Die Spezifikation
METHOD = ESTIMATION(NOCONSTANT)/
bewirkt, daß keine Signifikanzprüfung für die Konstante des varianzanalytischen Modells durchgeführt wird. Mit der Spezifikation
METHOD = ESTIMATION(CONSTANT)/(= Voreinstellung)
würde geprüft, ob sich der Gesamtmittelwert signifikant von 0.0 unterscheidet. Da sich die hier verwendeten Skalen im Bereich von 1 bis 7 bewegen, wäre ein solcher Test unsinnig.

Zusammenfassend : Die von uns gewählte Spezifikation des Unterkom- mandos METHOD=ESTIMATION(NOCONSTANT)/ bewirkt, daß eine Varianz- analyse nach dem Regressionsansatz gerechnet wird, und daß für das konstante Glied kein Signifikanztest durchgeführt wird.

(5) Das Unterkommando DESIGN wird von SPSS als letzte Spezifikation des MANOVA-Kommandos erwartet. Im DESIGN-Unterkommando kann unter anderem die Behandlung der Haupt- und Interaktionseffekte gesteuert werden. Sollen nur die Haupteffekte auf Signifikanz geprüft werden, so wäre das DESIGN-Unterkommando wie folgt zu spezifizieren:
DESIGN = BILD ELEM.
Sollen nur die Interaktionseffekte getestet werden, so ist anzugeben:
DESIGN = BILD by ELEM.
Für ein vollständiges Design ist zu schreiben:
DESIGN = BILD ELEM BILD by ELEM. oder in Kurzform : DESIGN.
Über das DESIGN-Unterkommando können auch komplexe hierachische und teilhierarchische Designs spezifiziert werden.

(6) Mitteilung von SPSS über die Verarbeitung der Fälle aus der aktiven Datei. In unserem Beispiel wurden 160 Fälle akzeptiert und 80 Fälle wegen fehlender Werte zurückgewiesen. Es handelt sich dabei um die 80 Beurteilungen des Bildes S, denen über die IF- Kommandos keine gültigen Werte für die Variablen BILD und ELEM zugewiesen wurden.

(7) Ausgabe von Mittelwerten, Standardabweichungen und Fallzahlen für die Zellen und die Gesamtpopulation.

(8) Ausgabe des Bartlett-Box-Testes auf Varianzhomogenität. Der hier ausgegebene Wert stimmt mit dem Wert überein, der sich bei der Prüfung der Varianzhomogenität über die Prozedur ONEWAY ergab (vgl S. 92).

(9) Ergebnisliste der univariaten Varianzanalyse:
In der ersten Zeile wird Fehlervarianz (unerklärte Varianz) ausgewiesen. Danach folgen die varianzanalytischen Kennwerte für den Faktor BILD und den Faktor ELEM (Hochspannungsleitungen). Als letzte Zeile werden die Kennwerte für die Interaktion zwischen den beiden Faktoren ausgewiesen. Wir sehen, daß die Ergebnisse im wesentlichen mit denen der Prozedur ANOVA übereinstimmen. Geringfügige Unterschiede sind zunächst darauf zurückzuführen, daß in der Prozedur ANOVA ein Fall weniger verarbeitet wurde. Wäre dieser Fall auch

hier ausgeschlossen, so gäbe es jedoch trotzdem leichte Abweichungen, da die Prozedur MANOVA standardmäßig den Regressionsansatz wählt und bei ungleicher Zellenbesetzung die Faktoren nicht
orthogonal sind. Bezüglich der Interpretation der ausgegebenen Irr-
tumswahrscheinlichkeiten besteht bei unserem Beispiel kein Unterschied zu der Ergebnisliste der Prozedur ANOVA (vgl. S. 111).

Bei der Prozedur MANOVA wird die durch die Haupteffekte erklärte Varianz
nicht standardmäßig auf Signifikanz geprüft, ebenso wird die gesamte
erklärte Varianz (Haupteffekte plus Interaktionen) nicht auf Signifikanz
geprüft. Diese Leistung kann jedoch über das Unterkommando DESIGN angefordert werden.

Sowohl bei der Prozedur ANOVA als auch bei der Prozedur MANOVA ergab
sich, daß es von der vorab formulierten Hypothese abhängt, ob die
Interaktion als signifikant angesehen wird oder nicht.

Da wir die Annahme eines additiven Modells nicht eindeutig bestätigen
konnten, wollen wir uns die Interaktion für die Variable Natürlichkeit
(für die beiden anderen Variablen war die Interaktion nicht signifikant)
graphisch darstellen (vgl. Abbildung 9, S. 119).

Wir erkennen dabei, daß die Richtung der Veränderung für beide Bilder
gleichartig ist. Sowohl für Bild A als auch für Bild B wird die Erlebniswirkung durch die Hochspannungsleitungen beeinträchtigt. Allerdings ist
dieser Effekt bei Bild B etwas stärker. Als inhaltliche Erklärung bietet
sich an, daß im Hintergrund des Bildes A ein Kohlekraftwerk erkennbar
ist. Dies beeinträchtigt vermutlich das Natürlichkeitserleben. Wir können
deshalb annehmen, daß bei bereits vorhandenen technischen Elementen die
beeinträchtigende Wirkung von Hochspannungsleitungen schwächer ist als in
einer ansonsten "natürlichen" Kulturlandschaft.

Zum Status dieser Aussage ist anzumerken, daß es sich um eine induktiv
gewonnene Aussage handelt, die einer unabhängigen empirischen Überprüfung
bedarf.

Abb. 9:   Darstellung der Mittelwertverläufe für die Variable Natür-
          lichkeit in Abhängigkeit von den Faktoren Bild (A versus B) und
          Hochspannungsleitungen (vorhanden versus nicht vorhanden)

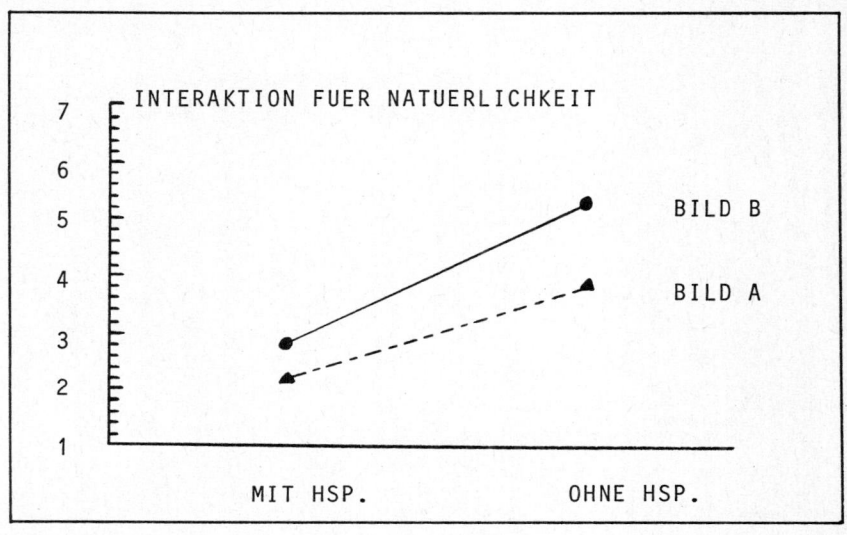

6.6.5. Anmerkungen zum Vorgehen bei ungleich besetzten Gruppen

Sind die Zellen sehr ungleich besetzt, so läßt sich die Wirkung, die von
den einzelnen Faktoren ausgeht, nicht mehr exakt abschätzen. Dies wird in
der Prozedur ANOVA erkennbar, wenn die Sums of Squares der MAIN EFFECTS
ungleich der Summe der Sums of Squares für die einzelnen Faktoren sind.
Je größer die (absolute) Differenz zwischen den Sums of Squares der
MAIN EFFECTS und der Summe der Sums of Squares der einzelnen Faktoren
ist, desto stärker sind die Faktoren korreliert. Desto weniger zuver-
lässig sind damit die Aussagen über die Stärke der Wirkung und über die
Signifikanz der einzelnen Faktoren.

Um auch im Falle korrelierender Faktoren, die bei Feldstudien häufig auftreten, Aussagen über die Wirkungen der einzelnen Faktoren treffen zu können, bietet SPSS in der Prozedur ANOVA zwei Lösungsmöglichkeiten an:

1) Den hierarchischen Ansatz zur Aufteilung der erklärten Variation (OPTIONS= 10)

2) Den Regressionsansatz zur Aufteilung der erklärten Variation (OPTIONS= 9). Dieser ist in der Prozedur MANOVA die Voreinstellung.

Beim hierarchischen Ansatz wird zunächt die Variation (Sums of Squares) berechnet, die auf die Haupteffekte insgesamt zurückgeführt werden kann. Danach wird die durch den ersten Faktor bedingte Variation errechnet. Die Variation für den zweiten Faktor ergibt sich dann aus der Differenz der Variation für die Haupteffekte minus der Variation des ersten Faktors.

Die Schwäche des hierarchischen Ansatzes ist darin zu sehen, daß die Schätzung der Variation, die auf einen Faktor zurückzuführen ist, in Abhängigkeit von dem gewählten Hierarchiemodell unterschiedlich ausfällt.

Der Regressionsansatz berechnet den Einfluß jedes Faktors unter Konstant-haltung der anderen Faktoren. Wir können dabei annehmen, daß die auf diese Weise für die einzelnen Faktoren geschätzte Variation in etwa der Variation entspricht, die sich bei orthogonalen Faktoren ergeben hätte.

In der Prozedur MANOVA ist der Regressionsansatz die Standardvor-einstellung. Hier kann wahlweise der hierarchische Ansatz angefordert werden. Voneinander unabhängige Schätzungen der Wirkungen beider Faktoren (wie in der Prozedur ANOVA) sind hier nicht möglich.

Die hier kurz angesprochenen Ansätze sind jedoch als Notlösung zu betrachten, die nur dann gewählt werden sollten, wenn eine annähernd gleiche Zellbesetzung nicht erreichbar ist. Insbesondere GLASER (1978, S. 165) weist darauf hin, daß bei korrelierenden Faktoren weitere Verletzungen der Voraussetzungen der Varianzanalyse zu schwer kalkulierbaren Konsequenzen für die alpha- und beta-Fehler führen.

6.7. Anmerkungen zu den Leistungen der einfaktoriellen und mehr-faktoriellen Varianzanalysen in SPSS

Wie wir bisher gesehen haben, liefern die einfaktorielle (Prozedur ONEWAY) und die mehrfaktorielle Varianzanalyse (die Prozeduren ANOVA und MANOVA) einander ergänzende Ergebnisse. Schwächen in der Prozedur ANOVA sind vor allem darin zu sehen, daß keine Tests auf Varianzhomogenität und keine Mittelwertvergleiche implementiert sind.

Mit der Prozedur MANOVA existiert die Möglichkeit, auch für mehr-faktorielle Varianzanalysen Tests auf Varianzhomogenität und a-priori-Mittelwertvergleiche durchzuführen. A-posteriori-Vergleiche sind jedoch nur in der Prozedur ONEWAY berechenbar.

Die Prozedur MANOVA bietet über das bisher Erläuterte hinaus noch zahl-reiche Möglichkeiten der grafischen Darstellung. Auf deren Demonstration wird hier aus Platzgründen verzichtet.

7. Mittelwertvergleiche für abhängige Messungen

Bisher wurden Unterschiede zwischen unabhängigen Gruppen untersucht.
Vielfach werden jedoch auch die Reaktionen derselben Personen unter
verschiedenen Bedingungen miteinander verglichen. In diesem Falle hat man
ein Untersuchungsdesign mit abhängigen Messungen.

Abhängige Messungen liegen vor:

1) wenn die Reaktionen (z.B. Antworten) einer Person unter zwei oder
    mehr Bedingungen erhoben werden.

2) wenn Versuchsgruppen parallelisiert werden. In diesem Falle werden
    jeweils zwei Personen ausgewählt, die sich bezüglich aller
    (theoretisch) relevanten Merkmale gleichen. Je eine dieser Personen
    wird der Experimentalgruppe, die andere der Kontrollgruppe
    zugewiesen. Das Problem der Parallelisierung von Gruppen liegt in
    der Identifikation der relevanten Variablen. (Parallelisiert man
    beispielsweise zwei Gruppen bezüglich der Körpergröße und des
    Geschlechts, so ist die Annahme problematisch, daß es sich um
    abhängige Messungen handelt, wenn beide Gruppen je ein Landschafts-
    bild beurteilen. Da in diesem Bereich der Umweltpsychologie bisher
    noch kaum erklärungskräftige Persönlichkeitsvariablen identifiziert
    wurden, ist hier von einer Parallelisierung abzuraten.)

Der Vorteil der Analyse für abhängige Messungen ist darin zu sehen, daß
interindividuelle Unterschiede hier unberücksichtigt bleiben, die bei der
Analyse für unabhängige Gruppen zur Fehlervarianz beitragen. Deshalb
ergeben sich bei Analysen für abhängige Gruppen in der Regel eher signifikante Unterschiede als bei der Analyse für unabhängige Gruppen. Im
Folgenden wollen wir zunächst Verfahren demonstrieren, die sich eignen,
Mittelwertunterschiede zwischen zwei abhängigen Messungen auf Signifikanz
zu prüfen.

Hierzu wollen wir in der Versuchsgruppe 1 die Beurteilung der Bilder S
und Bo betrachten.

Anschließend erfolgen Mittelwertvergleiche für alle drei in der Versuchs_
gruppe 1 beurteilten Bilder S, Bo und Am.

Für diese Analyse müssen wir auf die zweite aus unseren Rohdaten
angelegte Systemdatei TECHGES zurückgreifen, in der jeweils die Urteile
über drei Bilder als ein Fall abgespeichert sind (vgl. Kap. 3, S. 16ff).

7.1. Mittelwertvergleiche zwischen zwei abhängigen Messungen

Für den Mittelwertvergleich zwischen den beiden Bildern S und Bo
bezüglich der Erlebnisdimensionen Vielfältigkeit, Natürlichkeit und
Attraktivität eignen sich der t-Test für abhängige Stichproben, der
Vorzeichen-Test und der Wilcoxon-Vorzeichen-Rangtest.

Bevor wir die Verfahren eingehender besprechen, wollen wir unsere
Hypothese kurz darstellen:

Da sowohl Bild S als auch Bild Bo ausschließlich agrarisch genutzte
Kulturlandschaften zeigen, sind keine signifikanten Unterschiede
bezüglich der erlebten Natürlichkeit zu erwarten. Bezüglich der wahr-
genommenen Vielfältigkeit und Attraktivität erwarten wir eine signifikant
positivere Beurteilung des Bildes S, das eine relativ abwechslungsreiche
Mittelgebirgslandschaft mit Wald, Feldern und Wiesen zeigt. Bild Bo
hingegen zeigt nur eine großflächige Wiese mit einigen Bäumen und Büschen
im Hintergrund.

Bezüglich der Natürlichkeit haben wir also die ungerichtete Hypothese,
daß kein Unterschied besteht. Wir testen, um die Wahrscheinlichkeit des
beta-Fehlers zu verringern, auf dem 10%-Niveau.

Bezüglich der Vielfältigkeit und der Attraktivität haben wir gerichtete
Hypothesen, die einen einseitigen Signifikanztest erfordern. Hier testen
wir auf dem 5%-Niveau, um den alpha-Fehler möglichst gering zu halten.

7.1.1. Der t-Test für abhängige Stichproben

Das Prinzip des t-Tests kann wie folgt beschrieben werden:

Für jede Person existiert ein Meßwert für die Variable X_1 und ein Meßwert für die Variable X_2.

Zunächst wird die Differenz zwischen den beiden Meßwerten gebildet:

$$D_i = X_{1i} - X_{2i} \qquad i = 1, N \ (N = \text{Anzahl der Fälle})$$

Dann wird die mittlere Differenz errechnet:

$$\overline{D} = \frac{1}{N} * \sum_{i=1}^{N} D_i$$

Dieser Wert für die mittlere Differenz D wird durch die Standardabweichung von D dividiert, damit ergibt sich eine t-verteilte Prüfgröße.

$$t = \frac{\overline{D}}{S_{\overline{D}}} \qquad \text{wobei } S_{\overline{D}} = \frac{\sum\limits_{i=1}^{N} D_i^2 - \dfrac{(\sum\limits_{i=1}^{N} D_i)^2}{N}}{N * N - 1}$$

t hat N-1 Freiheitsgrade.

Als Voraussetzung hat der t-Test für abhängige Stichproben:

1) Die Meßwerte X_1 und X_2 sind intervallskaliert.

2) Die Differenzen D_i sind in der Grundgesamtheit normalverteilt.

Der t-Test für abhängige Stichproben ist gegenüber dem t-Test für unabhängige Stichproben umso effektiver, je stärker die Meßwertreihen zwischen X_1 und X_2 korrelieren.

125

Von SPSS wird standardmäßig der Korrelationskoeffizient für die beiden
Meßwertreihen sowie dessen Signifikanzniveau ausgegeben. Der Korrelationskoeffizient sollte signifikant positiv sein (einseitiger Signifikanztest). Ist der Koeffizient nicht signifikant von Null verschieden, so
ist die Annahme der Abhängigkeit der beiden Meßwertreihen für den Fall zu
revidieren, daß die Abhängigkeit auf einer Parallelisierung der Stichproben beruht. Für den Fall signifikanter negativer Korrelationen ist bei
parallelisierten Gruppen die Verwendung des t-Tests für unabhängige
Stichproben in jedem Falle zu empfehlen.

Im folgenden werden nun der Aufruf des t-Tests in SPSS und die Ergebnisse
dargestellt:

```
-------------------------------------------------------------------------
GET FILE = "techges.sys".                                   --(1)
The SPSS/PC+ system file is read from
    file /spss1/techges.sys

The file was created on  4/4/86  at  8:28:56
and is titled Anlegen der Systemdatei
The SPSS/PC+ system file contains
    80 cases, each consisting of
    57 variables (including system variables).
    57 variables will be used in this session.
-------------------------------------------------------------------------
Page   2                        SPSS/PC+                          4/4/86

This procedure was completed at  8:55:17
title       "Analysen fuer Messwiederholungen".
COMPUTE     VIELFA1=(SD103+SD106+SD109)/3.        --(2)
COMPUTE     NATUER1=(SD104+SD107+SD110)/3.
COMPUTE     ATTRAK1=(SD105+SD108+SD111)/3.
COMPUTE     VIELFA2=(SD203+SD206+SD209)/3.
COMPUTE     NATUER2=(SD204+SD207+SD210)/3.
COMPUTE     ATTRAK2=(SD205+SD208+SD211)/3.
COMPUTE     VIELFA3=(SD303+SD306+SD309)/3.
COMPUTE     NATUER3=(SD304+SD307+SD310)/3.
COMPUTE     ATTRAK3=(SD305+SD308+SD311)/3.        --(2)
select if   (VAR14 = 1).                          --(3)
*           Vergleich der Beurteilungen der Bilder 1 und 3.
subtitle  "t-Test fuer abhaengige Stichproben".
T-TEST      PAIRS = VIELFA1 to ATTRAK1 with VIELFA3 to ATTRAK3/
            ---------------------(4)---------------------

The raw data or transformation pass is proceeding
    20 cases are written to the uncompressed active file.
            OPTIONS = 5.                          --(5)
```

126

Paired samples t-test: VIELFA1
                         VIELFA3

Variable	Number of Cases --(6)--	Mean --(7)--	Standard Deviation	Standard Error
VIELFA1	20	5.0333	1.247	.279
VIELFA3	20	4.0000	1.015	.227

--(8)-- (Difference) Mean	Standard Deviation	Standard Error	I Corr. I	--(9)-- 2-Tail Prob.	I I	-(10)- t Value	-(11)- Degrees of Freedom	-(12)- 2-Tail Prob.
1.0333	1.506	.337	I .125	.600	I	3.07	19	.006

Paired samples t-test: NATUER1
                         NATUER3

Variable	Number of Cases	Mean	Standard Deviation	Standard Error
NATUER1	20	5.5333	.920	.206
NATUER3	20	5.4167	1.031	.231

(Difference) Mean	Standard Deviation	Standard Error	I Corr. I	--(13)-- 2-Tail Prob.	I I	t Value	--(14)-- Degrees of Freedom	2-Tail Prob.
.1167	1.005	.225	I .475	.034	I	.52	19	.609

Paired samples t-test: ATTRAK1
                         ATTRAK3

Variable	Number of Cases	Mean	Standard Deviation	Standard Error
ATTRAK1	20	5.9667	.948	.212
ATTRAK3	20	5.3500	.994	.222

(Difference) Mean	Standard Deviation	Standard Error	I Corr. I	--(15)-- 2-Tail Prob.	I I	t Value	--(16)-- Degrees of Freedom	2-Tail Prob.
.6167	1.436	.321	I -.092	.698	I	1.92	19	.070

(1) Aufruf in SPSS-Systemdatei TECHGES.SYS. In dieser Systemdatei sind die Beurteilungen der drei Bilder als ein Fall abgespeichert.

(2) Bildung der Summenwerte der Erlebnisdimensionen Vielfältigkeit, Natürlichkeit und Attraktivität für die Beurteilung der drei Bilder.

(3) Durch das SELECT IF-Kommando wird bewirkt, daß nur Versuchspersonen der Versuchsgruppe 1 in die Analyse eingehen.

(4) Aufruf der t-Tests für abhängige Stichproben in SPSS über das Schlüsselwort PAIRS.

(5) Das Unterkommando OPTIONS = 5 bewirkt, daß die erste Variable nach dem Schlüsselwort PAIRS mit der ersten Variable nach dem Schlüsselwort with (die zweite Variable nach dem Schlüsselwort PAIRS mit der zweiten Variablen nach dem Schlüsselwort with; usw.) verglichen wird. In unserem Falle werden bedingt durch das Unterkommando OPTIONS = 5 folgenden drei t-Tests berechnet:

> VIELFA 1 mit VIELFA 3
> NATUER 1 mit NATUER 3
> ATTRAK 1 mit ATTRAK 3

Es werden also nur orthogonale Vergleiche durchgeführt. Ohne Angabe von OPTIONS = 5 würde für jede Variable vor dem Schlüsselwort with ein Vergleich mit jeder Variablen nach dem Schlüsselwort with durchgeführt. Dies ist statistisch nicht zulässig. Hierfür ist die Varianzanalyse für Meßwiederholungen das angemessene Verfahren.

(6) t-Tests für abhängige Messungen für die Variablen VIELFA1 und VIELFA3. Ausgabe der Anzahl der Fälle.

(7) Ausgabe der Mittelwerte für die Variablen VIELFA1 (für Bild S) und VIELFA3 (für Bild Bo). Dabei zeigt sich, daß die Richtung der Mittelwertdifferenz unseren Erwartungen entspricht.

128

(8)   Ausgabe der mittleren Differenz zwischen den beiden Meßwertreihen.
        Der Wert ergibt sich als Differenz des Mittelwertes für VIELFA1
        minus den Mittelwert für VIELFA3.

(9)   Ausgabe der (Produkt-Moment-)Korrelation zwischen den beiden Meß-
        wertreihen mit dem dazugehörigen zweiseitigen Signifikanzniveau.
        Der Korrelationskoeffizient ist zwar positiv, jedoch auch bei Hal-
        bierung der ausgegebenen Irrtumswahrscheinlichkeit (für ein-
        seitige Fragestellungen) kann er nicht als signifikant von Null
        verschieden betrachtet werden. Da beide Meßwerte jedoch von jeweils
        derselben Person stammen, kann die Annahme der Abhängigkeit auf-
        recht erhalten werden.

(10)   Ausgabe des t-Wertes als Prüfgröße für die Mittelwertsunterschiede.

(11)   Anzahl der Freiheitsgrade.

(12)   Ausgabe des zweiseitigen Signifikanzniveaus für die Mittelwert-
        unterschiede. Da wir eine gerichtete Hypothese haben, kann die
        Irrtumswahrscheinlichkeit halbiert werden (p = 0.003)
        (vgl. S. 52f). Unsere Hypothese kann damit bestätigt werden.

(13)   Ausgabe des Korrelationskoeffizienten mit dem zweiseitigen
        Signifikanzniveau für die Variable NATUER1 und NATUER3. Die
        Korrelation ist bei einseitiger Signifikanzprüfung signifikant
        positiv (p = 0.017).

(14)   Ausgabe der Ergebnisse des Signifikanztests für die Mittelwert-
        unterschiede zwischen den Variablen NATUER1 und NATUER3. Die
        Mittelwertsunterschiede sind nicht signifikant. Unsere diesbezüg-
        liche Hypothese kann als bestätigt betrachtet werden (vgl. S. 123).

(15)   Ausgabe des Korrelationskoeffizienten mit dem zweiseitigen
        Signifikanzniveau für die Variablen ATTRAK1 und ATTRAK3. Die
        Korrelation ist nicht signifikant von 0.0 verschieden.

(16) Ausgabe der Ergebnisse des Signifikanztests für die Mittelwertunterschiede zwischen den Variablen ATTRAK1 und ATTRAK3. Da wir
eine gerichtete Hypothese prüfen ($\overline{X}$ ATTRAK1 größer als $\overline{X}$ ATTRAK3)
kann die ausgegebene Irrtumswahrscheinlichkeit halbiert werden,
p = 0.035. Das bedeutet, daß unsere Hypothese bestätigt wird;
Bild S wird bezüglich der Attraktivität positiver beurteilt als
Bild Bo.

7.1.2. Der Vorzeichentest

Sind die Voraussetzungen für den t-Test nicht erfüllt und ist die
Stichprobe relativ klein, so bietet sich der Vorzeichentest als ein
relativ einfaches Prüfverfahren für zwei abhängige Gruppen an.

Für jeden Fall wird das Vorzeichen der Differenz zwischen den Variablen
X_1 und X_2 bestimmt. Danach wird die Anzahl der positiven und negativen
Vorzeichen ausgezählt. Ist die Stichprobe kleiner/gleich 25, kann die
Häufigkeit des seltener auftretenden Vorzeichens über die Binominal-
verteilung auf Signifikanz geprüft werden. Bei größeren Stichproben läßt
sich ein z-standardisierter Prüfwert errechnen, der über die Standardnormalverteilung auf Signifikanz geprüft werden kann. Die Berechnung
erfolgt nach der Formel:

$$z = \left| \frac{(n + 0.5) - (n / 2)}{0.5 * \sqrt{N}} \right|$$

N = Stichprobenumfang
n = Häufigkeit des seltener auf-
    tretenden Vorzeichens.

Der Vorzeichentest hat lediglich Ordinalskalenniveau der Daten als
Voraussetzung. Er verwendet jedoch auch nur sehr wenig der Informationen,
die in den Daten enthalten sind, nämlich nur die Richtungen der
Differenzen. Deshalb ist seine Effizienz nur bei kleinen Stichproben
relativ groß, sie nimmt bei größeren Stichproben ab.

In SPSS ist der Vorzeichentest über die Prozedur NPAR TESTS verfügbar.

130

This procedure was completed at 8:55:36
subtitle "Vorzeichen-Test".
NPAR TESTS   SIGN = VIELFA1 to ATTRAK1 with VIELFA3 to ATTRAK3/   --(1)
               OPTIONS = 3.   --(1)

 ***** WORKSPACE allows for   4668 cases for NPAR TESTS *****

- - - - - Sign Test

     VIELFA1
with VIELFA3

          Cases

             13 - Diffs (VIELFA3 Lt VIELFA1) --(2)   --(3)--
              4 + Diffs (VIELFA3 Gt VIELFA1)   (Binomial)
              3 Ties   2-tailed P =   .0490
             --
             20 Total

- - - - - Sign Test

     NATUER1
with NATUER3

          Cases

              9 - Diffs (NATUER3 Lt NATUER1) --(2)   --(4)--
              7 + Diffs (NATUER3 Gt NATUER1)   (Binomial)
              4 Ties   2-tailed P =   .8036
             --
             20 Total

- - - - - Sign Test

     ATTRAK1
with ATTRAK3

          Cases

             15 - Diffs (ATTRAK3 Lt ATTRAK1) --(2)   --(5)--
              4 + Diffs (ATTRAK3 Gt ATTRAK1)   (Binomial)
              1 Ties   2-tailed P =   .0192
             --
             20 Total

(1)   Aufruf des Vorzeichentests in SPSS über das Schlüsselwort SIGN in
        der Prozedur NPAR TESTS. Durch die Spezifikation OPTIONS = 3 wird
        gewährleistet, daß ausschließlich orthogonale Vergleiche durch-
        geführt werden. Also : VIELFA1 mit VIELFA3
                                NATUER1 mit NATUER3
                                ATTRAK1 mit ATTRAK3

(2)   Ausgabe der Anzahl der negativen und positiven Differenzen.
        13 Personen beurteilten das Bild S als vielfältiger als das Bild Bo
        und 15 Personen beurteilten das Bild S in Bezug auf die Attrak-
        tivität positiver als das Bild Bo. Wir können somit sagen, daß die
        Richtung der Differenzen für die Vielfältigkeit und die Attrak-
        tivität unsere eingangs angestellten Überlegungen bestätigen. Auch
        in Bezug auf das Natürlichkeitsurteil liegen die Häufigkeiten der
        positiven und negativen Differenzen sehr nahe beieinander.

(3)   Ausgabe des zweiseitigen Signifikanzniveaus, das hier (da N kleiner
        als 25) nach der Binomialverteilung ermittelt wurde. Da wir eine
        gerichtete Hypothese haben, kann die Irrtumswahrscheinlichkeit
        halbiert werden (p = 0.0245). Die Hypothese, daß Bild S bezüglich
        der Vielfältigkeit positiver beurteilt wird als Bild Bo, kann nach
        dem Vorzeichentest auf dem 5 %-Niveau akzeptiert werden.

(4)   Ausgabe des zweiseitigen Signifikanzniveaus für die Beurteilungs-
        unterschiede bezüglich der Natürlichkeit. In Übereinstimmung mit
        unseren Überlegungen kann hier kein signifikanter Unterschied fest-
        gestellt werden.

(5)   Ausgabe des zweiseitigen Signifikanzniveaus für die Beurteilungs-
        unterschiede bezüglich der Attraktivität. Da wir auch hier eine
        gerichtete Hypothese testen, kann die Irrtumswahrscheinlichkeit
        halbiert werden (p = 0.0095). Nach dem Vorzeichentest kann die
        Hypothese, daß Bild S bezüglich der Attraktivität positiver
        beurteilt wird als Bild Bo ebenfalls bestätigt werden.

7.1.3. Der Wilcoxon-Rangvorzeichentest

Der Wilcoxon-Rangvorzeichentest ist ein nicht-parametrisches Prüfverfahren, das mehr Informationen der Daten ausnutzt als der Vorzeichen-

132

test. Zunächst werden auch hier die Differenzen zwischen den Meßwerten der Variablen X_1 und X_2 gebildet. Den absoluten Differenzen (ohne Berücksichtigung des Vorzeichens) werden Rangplätze zugeordnet. Danach werden jeweils Rangsummen für die positiven und die negativen Differenzen gebildet. Die Rangsumme für das seltener auftretende Vorzeichen bildet die Prüfgröße T.

Für kleine Stichproben (N kleiner als 25) sind die Wahrscheinlichkeiten des Auftretens der Rangsummen tabelliert. Für größere Stichproben (ab N größer als 20) ist die Prüfgröße T annähernd normalverteilt mit dem Erwartungswert :

$$E(T) = \frac{N*(N+1)}{4} \text{ und der Standardabweichung } S(T) = \sqrt{\frac{N*(N+1)*(2*N+1)}{24}}$$

Für N größer als 20 läßt sich also eine standardnormalverteilte Prüfgröße berechnen:

$$z = \frac{T - E(T)}{S(T)}$$

Der Wilcoxon-Test erfordert keine Verteilungsannahmen bezüglich der Differenzen von X_1 und X_2. Allerdings sind die Anforderungen an das Skalenniveau etwas unpräzise formuliert. SIEGEL (1976, S. 73) spricht von einer "ordered metric" Skala, die im Niveau zwischen Ordinalskala und Intervallskala liegt. Demnach ist bei Ordinalskalenniveau mit unterschiedlichen Kategorienbreiten von der Anwendung dieses Tests eher abzuraten.

In SPSS ist der Wilcoxon-Rangvorzeichentest ebenfalls über die Prozedur NPAR-TESTS verfügbar. Die Ergebnisse zeigt die folgende Liste ausschnittsweise:

```
--------------------------------------------------------------------------------
Page   6   Analysen fuer Messwiederholungen                          4/4/86
Vorzeichen-Test

This procedure was completed at  8:55:53
SUBTITLE  "Wilcoxon-Rangvorzeichen-Test".
NPAR TESTS    WILCOXON = VIELFA1 to ATTRAK1 with VIELFA3 to ATTRAK3/  --(1)
              OPTIONS = 3.                                            --(1)

 ***** WORKSPACE allows for   3838 cases for NPAR TESTS *****
```

- - - - - Wilcoxon Matched-pairs Signed-ranks Test

     VIELFA1
with VIELFA3

     Mean Rank   Cases
        --(2)--
        10.19   13 - Ranks (VIELFA3 Lt VIELFA1) --(3)
         5.13   4 + Ranks (VIELFA3 Gt VIELFA1
                       3   Ties (VIELFA3 Eq VIELFA1) --(3)
                      --
                      20   Total
         --(4)--   --(5)--
        Z =   -2.6509   2-tailed P = .0080

- - - - - Wilcoxon Matched-pairs Signed-ranks Test

     NATUER1
with NATUER3

     Mean Rank   Cases

        8.61   9 - Ranks (NATUER3 Lt NATUER1)
        8.36   7 + Ranks (NATUER3 Gt NATUER1)
                      4   Ties (NATUER3 Eq NATUER1)
                     --
                     20   Total
         --(6)--   --(7)--
        Z =   -.4912   2-tailed P = .6233

- - - - - Wilcoxon Matched-pairs Signed-ranks Test

     ATTRAK1
with ATTRAK3

     Mean Rank   Cases

        9.47   15 - Ranks (ATTRAK3 Lt ATTRAK1)
       12.00   4 + Ranks (ATTRAK3 Gt ATTRAK1)
                      1   Ties (ATTRAK3 Eq ATTRAK1)
                     --
                     20   Total

        Z =   -1.8914   2-tailed P = .0586

(1)   Aufruf des Wilcoxon-Rangvorzeichentests in SPSS über das Schlüssel-
      wort WILCOXON in der Prozedur NPAR TESTS. Für die Anforderung der
      drei orthogonalen Vergleiche gelten die Ausführungen zum Vor-
      zeichentest (vgl. S. 131).

(2)   Ausgabe der mittleren Ränge für die Variablen VIELFA1 (1. Zeile)
      und VIELFA3 (2. Zeile).

(3)   Ausgabe der Anzahl der negativen und positiven Differenzen und der
      verbundenen Ränge, d.h. Anzahl der Versuchspersonen, die Bild S und
      Bild Bo gleich beurteilt haben. 13 Personen haben das Bild S
      bezüglich der Vielfältigkeit positiver beurteilt als das Bild Bo.
      Die Richtung der Mittelwertunterschiede entspricht also unseren
      Überlegungen.

(4)   Ausgabe der z-standardisierten Prüfgröße für den Vergleich von
      VIELFA1 und VIELFA3.

(5)   Ausgabe des zweiseitigen Signifikanzniveaus für den Vergleich der
      Variablen VIELFA1 und VIELFA3. Da wir eine gerichtete Hypothese
      prüfen, kann die Irrtumswahrscheinlichkeit halbiert werden
      ($p = 0.004$).

(6)   Ausgabe der z-standardisierten Prüfgröße für den Vergleich der
      Variablen NATUER1 und NATUER3.

(7)   Ausgabe des zweiseitigen Signifikanzniveaus für den Vergleich der
      Variablen NATUER1 und NATUER3. Auch hier kann die Irrtumswahr-
      scheinlichkeit halbiert werden, dennoch unterscheiden sich die
      mittleren Ränge nicht signifikant voneinander ($p = 0.312$).

7.1.4. Überlegungen zum effizienten Einsatz der Verfahren

Der t-Test für abhängige Stichproben ist das effizienteste der drei vorgestellten Verfahren, wenn Intervallskalenniveau für die beiden Meßwertreihen vorliegt, die Stichprobe hinreichend groß ist (N größer als 20)
und die Variablen positiv korrelieren. Wenn diese Voraussetzungen erfüllt
sind, ist der t-Test den anderen Verfahren vorzuziehen.

Der Vorzeichentest eignet sich besonders bei ordinalskalierten Variablen
mit unterschiedlichen Kategorienbreiten und bei sehr kleinen Stichproben.
Bei größeren Stichproben (schon bei N größer als 15) kann der Vorzeichen-
test irreführende Ergebnisse liefern, da außer der Richtung des Vorzeichens keine Information des Datenmaterials berücksichtigt wird. Der
Wilcoxon-Test hat nur eine geringfügig schwächere Effizienz als der
t-Test und sollte bei ordinalskalierten Daten (bei N größer als 15)
angewendet werden, wenn die Kategorien annähernd gleich sind. Bei unseren
Analysen ist den weitgehend übereinstimmenden Ergebnissen des t-Tests und
des Wilcoxon-Rangvorzeichentest mehr Vertrauen zu schenken als den Ergebnissen des Vorzeichentests.

7.2. Mittelwertvergleiche für mehrere abhängige Messungen

Wollen wir prüfen, ob die Versuchspersonen einer Versuchsgruppe zwischen den drei Bildern differenzieren, so ist eine varianzanalytische Auswertung für abhängige Messungen erforderlich.

Hierfür eignen sich die (parametrische) Varianzanalyse für Meßwiederholungen und die Friedman-Rangvarianzanalyse.

7.2.1. Die Varianzanalyse für mehrere abhängige Messungen

Sollen die Unterschiede zwischen den Mittelwerten von mehr als zwei Variablen auf Signifikanz geprüft werden, die bei denselben Versuchspersonen erhoben wurden, so ist die Varianzanalyse für Meßwiederholungen das geeignete Verfahren, wenn folgende Voraussetzungen erfüllt sind :

1) Intervallskalenniveau der Variablen.

2) Die Grundgesamtheit ist bezüglich der Variablen normalverteilt.

3) Die Effekte, die von den Versuchspersonen und von den Stufen der Meßwiederholung ausgehen, sind additiv.

4) Die Korrelationen zwischen allen Paaren von Meßwerten sind annähernd gleich.

5) Die Varianzen aller Stufen der Meßwiederholungen sind gleich.

Wir wollen diese Voraussetzungen anhand unseres Versuchdesigns noch etwas näher erläutern:

Die Versuchsgruppe 1, für die wir auch die folgenden Analysen durchführen, hatte die Bilder S, Am und Bo (z.B. bezüglich der Vielfältigkeit) zu beurteilen.

Die Variablen VIELFA1, VIELFA2 und VIELFA3 stellen also die drei Stufen der Meßwiederholung (auch Treatmentstufen) dar. Für alle drei Variablen ist nach Voraussetzung 2 Normalverteilung anzunehmen.

Die Annahme drei besagt, daß die Reaktion der Versuchsgruppen auf allen
Treatmentstufen konsistent sind. Bringt man die Versuchspersonen bezüg-
lich der Intensität ihrer Reaktionen auf der Treatmentstufe 1 in eine
Rangreihe, so müßten sich gemäß dieser Annahme weitgehend konsistente
Rangreihen für die folgenden Stufen der Meßwiederholungen ergeben. Diese
Voraussetzung braucht jedoch nicht mehr erfüllt sein, wenn die Versuchs-
personen eine Zufallsstichprobe aus einer Grundgesamtheit darstellen.

Die Voraussetzungen 4 und 5 werden häufig zusammengefaßt als Annahme der
Homogenität der Varianz-Kovarianz-Matrix bezeichnet.

Sie bedeuten im einzelnen:

Bei k-Treatmentstufen erhalten wir k * (k-1) / 2 nicht redundante Korrelationen, in unserem Falle also 3 * (3-1) / 2 = 3 Korrelationen
(r_{12}; r_{13}; r_{23}). Für diese muß gelten : $r_{12} = r_{13} = r_{23}$, wenn die
Voraussetzung 4 erfüllt sein soll. Weiterhin erhalten wir bei k Treatmentstufen k Varianzen für die gelten muß :

$$s_1^2 = s_2^2 = s_3^2$$, wenn die Voraussetzung 5 erfüllt sein soll.

Ist die Voraussetzung 1 (Intervallskalenniveau) nicht erfüllt, so ist die
Anwendung der Rangvarianzanalyse angezeigt. Die Verletzung der Normalverteilungsannahme (Voraussetzung 2) führt hier zu keinen ernsten Konsequenzen, wenn die anderen Voraussetzungen erfüllt sind.

Problematischer ist die Verletzung der Annahme der Homogenität der
Varianz-Kovarianzmatrix. Auf diesbezügliche Prüfmöglichkeiten, sowie das
Vorgehen bei der Verletzung dieser Annahme wird im folgenden noch aus-
führlicher eingegangen.

138

7.2.1.1. <u>Das Grundprinzip der Varianzanalyse für Meßwiederholungen</u>

Zur Verdeutlichung des Prinzips wollen wir von einem fiktiven Datensatz, bestehend aus drei Personen und drei Meßwiederholungen ausgehen.

	1. Messung	2. Messung	3. Messung
1. Person	1	2	3
2. Person	3	3	3
3. Person	3	4	5

Über alle neun Meßwerte erhalten wir den Mittelwert X = 3.0. Die Gesamtvariation (SS_{tot}) berechnet sich als die Summe der quadrierten Abweichungen der neun Meßwerte von dem arithmetischen Mittel.

Diese Gesamtvariation wird nun zerlegt in die Variation, die auf die Versuchsperson zurückzuführen ist ($SS_{betw.people}$) und in die Variation innerhalb der Versuchspersonen ($SS_{within people}$). Die Variation innerhalb der Versuchspersonen wird nun weiter zerlegt in die Variation, die auf die Meßwiederholungen zurückzuführen ist ($SS_{betw.Measures}$) und in die unerklärte Variation ($SS_{residual}$).

Dies können wir uns wie folgt veranschaulichen (vgl. BORTZ 1977, S. 410).

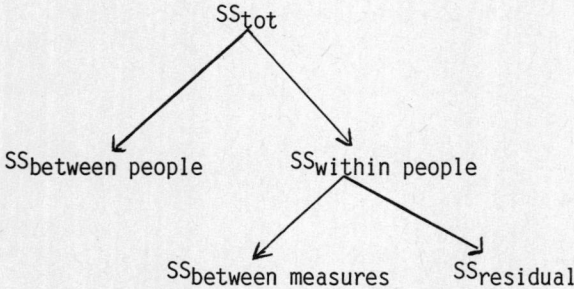

Die Freiheitsgrade verteilen sich wie folgt:

SS_{tot} hat $(N * k) - 1$ Freiheitsgrade   (N = Anzahl der Versuchspersonen)

(k = Anzahl der Messungen)

$SS_{between\ people}$ hat $N - 1$ Freiheitsgrade

$SS_{within\ people}$ hat $N * (k - 1)$ Freiheitsgrade

$SS_{between\ measures}$ hat $k - 1$ Freiheitsgrade

$SS_{residual}$ hat $(N * (k - 1)) - k + 1$ Freiheitsgrade.

Der Signifikanztest für die Mittelwertunterschiede zwischen den Meßwiederholungen erfolgt über folgende Prüfgröße:

$$F = \frac{SS_{between\ measures}}{k - 1} \Big/ \frac{SS_{residual}}{(N*(k-1))-k-1}$$

Die Prüfgröße F hat k-1 und (N*(k-1))-k-1 Freiheitsgrade.

Man erkennt die größere Effizienz der Varianzanalyse für Meßwiederholungen,
wenn man bedenkt, daß bei einer Analyse des gleichen Datensatzes mit der
Varianzanalyse für unabhängige Gruppen die Variation zwischen den Versuchspersonen zur unerklärten Variation gerechnet würde.

Sind die Korrelationen zwischen den Treatmentstufen alle annähernd 0.0, so
sind beide Verfahren gleich effizient.

7.2.1.2. Varianzanalysen für Meßwiederholungen in SPSS

Varianzanalysen für Meßwiederholungen sind in SPSS über die Prozedur
RELIABLITITY (nur in SPSS-X) und MANOVA (in SPSS-X und SPSS/PC+) verfügbar.

Zunächst wird hier die Prozedur RELIABILITY dargestellt, die mit der Version
SPSS-X berechnet wurde. Anschließend wird die Varianzanalyse für Meßwiederholungen über die Prozedur MANOVA dargestellt.

140

```
============================SPSS-X Ergebnisliste===============================
24 MAR 86   SPSS-X RELEASE 2.0 FROM NORTHWESTERN UNIVERSITY          PAGE   1
              UNIV. ERLANGEN/NUERNBERG RRZE   CYBER 180/845    NOS 2.3

SPSS INC LICENSE NUMBER:  18256


                       NEW FEATURES IN SPSS-X RELEASE 2
              FOR MORE DETAILS, USE THE COMMAND:  INFO OVERVIEW FACILITIES.
            PLOT - SCATTER PLOTS, OVERLAY PLOTS, CONTOUR PLOTS ON THE PRINTER.
      HILOGLINEAR - FAST LOGLINEAR ANALYSIS FOR HIERARCHICAL MODELS.
          CLUSTER - HIERARCHICAL CLUSTER ANALYSIS.
   QUICK CLUSTER - FAST CLUSTER ANALYSIS FOR A FIXED NUMBER OF CLUSTERS.
   IMPORT/EXPORT - PORTABLE SYSTEM FILES FOR TRANSFER TO OTHER KINDS OF COMPUTERS.
           PROBIT - DICHOTOMOUS PROBIT AND LOGISTIC REGRESSION ANALYSIS.
       SET WIDTH - WIDTH CONTROL FOR PRINTED OUTPUT.
           XSAVE - ALLOWS NEW FLEXIBILITY IN SAVING SYSTEM FILES.
   END SUBCOMMAND - WITH DATA LIST, YOU CAN DETECT END OF FILE.

    1  0            TITLE   "ANALYSEN FUER MESSWIEDERHOLUNGEN (MEHRERE GRUPPEN)"
    2  0            SUBTITLE  "VARIANZANALYSEN FUER MESSWIEDERHOLUNGEN"
    3  0            SET       WIDTH=80
    4  0            SET       LENGTH = 59
    5 FILE HANDLE   TECHGES                             --(1)
    6 GET FILE = TECHGES                                --(2)

FILE CALLED TECHGES :
  LABEL:
  CREATED 24 MAR 86 14.06.52      56 VARIABLES


    7 SELECT IF     (VAR14 = 1)                          --(3)
    8 COMPUTE VIELFA1 = (SD103 + SD106 + SD109) / 3    --(4)
    9 COMPUTE NATUER1 = (SD104 + SD107 + SD110) / 3
   10 COMPUTE ATTRAK1 = (SD105 + SD108 + SD111) / 3
   11 COMPUTE VIELFA2 = (SD203 + SD206 + SD209) / 3
   12 COMPUTE NATUER2 = (SD204 + SD207 + SD210) / 3
   13 COMPUTE ATTRAK2 = (SD205 + SD208 + SD211) / 3
   14 COMPUTE VIELFA3 = (SD303 + SD306 + SD309) / 3
   15 COMPUTE NATUER3 = (SD304 + SD307 + SD310) / 3
   16 COMPUTE ATTRAK3 = (SD305 + SD308 + SD311) / 3    --(4)
   17 RELIABILITY   VARIABLES = VIELFA1 TO ATTRAK3/    --(5)
   18                SCALE(VIELFA) = VIELFA1, VIELFA2, VIELFA3/
   19                SCALE (NATUER) = NATUER1, NATUER2 , NATUER3/
   20                SCALE(ATTRAK) = ATTRAK1, ATTRAK2, ATTRAK3/
   21 STATISTICS 1,3,10,12                             --(6)

****** METHOD 2 (COVARIANCE MATRIX) WILL BE USED FOR THIS ANALYSIS ******

    72864 WORDS OF WORKSPACE AVAILABLE.
     5000 WORDS ARE USED TO SATISFY MAXIMUM WORKSPACE REQUESTS.

 ******       73 WORDS OF SPACE REQUIRED FOR RELIABILITY ******
```

R E L I A B I L I T Y   A N A L Y S I S   -   S C A L E   (V I E L F A)

1.   VIELFA1
2.   VIELFA2
3.   VIELFA3

		MEAN	STD DEV	CASES	
1.	VIELFA1	5.0333	1.2468	20.0	--(7)
2.	VIELFA2	4.0667	1.3790	20.0	
3.	VIELFA3	4.0000	1.0145	20.0	--(7)

CORRELATION MATRIX

	VIELFA1	VIELFA2	VIELFA3	
VIELFA1	1.0000			
VIELFA2	-.0014	1.0000		--(8)
VIELFA3	.1248	.4096	1.0000	

\# OF CASES =   20.0

ANALYSIS OF VARIANCE

-----(9)-----

SOURCE OF VARIATION	SUM OF SQ.	DF	MEAN SQUARE	F	PROB.
BETWEEN PEOPLE	37.6370	19	1.9809		
WITHIN PEOPLE	60.9630	40	1.5241		
BETWEEN MEASURES	13.3778	2	6.6889	5.3415	.0090
RESIDUAL	47.5852	38	1.2522		
TOTAL	98.6000	59	1.6712		

GRAND MEAN =   4.3667

-----(10)------
HOTELLINGS T-SQUARED =   9.4699   F =   4.4858   PROB. =   .0263

DEGREES OF FREEDOM: NUMERATOR =   2   DENOMINATOR =   18

RELIABILITY COEFFICIENTS   3 ITEMS

ALPHA =   .3678   STANDARDIZED ITEM ALPHA =   .3933

R E L I A B I L I T Y   A N A L Y S I S   -   S C A L E   (N A T U E R)

1.   NATUER1
2.   NATUER2
3.   NATUER3

		MEAN	STD DEV	CASES
1.	NATUER1	5.5333	.9202	20.0
2.	NATUER2	2.2667	1.1975	20.0
3.	NATUER3	5.4167	1.0310	20.0

CORRELATION MATRIX

	NATUER1	NATUER2	NATUER3
NATUER1	1.0000		
NATUER2	.0340	1.0000	
NATUER3	.4746	.3647	1.0000

OF CASES =   20.0

ANALYSIS OF VARIANCE

				----(11)----	
SOURCE OF VARIATION	SUM OF SQ.	DF	MEAN SQUARE	F	PROB.
BETWEEN PEOPLE	33.0574	19	1.7399		
WITHIN PEOPLE	167.8519	40	4.1963		
BETWEEN MEASURES	137.3815	2	68.6907	85.6651	0
RESIDUAL	30.4704	38	.8019		
TOTAL	200.9093	59	3.4052		

GRAND MEAN =   4.4056

                    -------(12)--------
HOTELLINGS T-SQUARED =   129.6289   F =   61.4032   PROB. =   .0000
   DEGREES OF FREEDOM: NUMERATOR =   2   DENOMINATOR =   18

RELIABILITY COEFFICIENTS   3 ITEMS

ALPHA =   .5391   STANDARDIZED ITEM ALPHA =   .5520

R E L I A B I L I T Y   A N A L Y S I S   -   S C A L E   (A T T R A K)

1.   ATTRAK1
2.   ATTRAK2
3.   ATTRAK3

		MEAN	STD DEV	CASES
1.	ATTRAK1	5.9667	.9484	20.0
2.	ATTRAK2	2.7833	1.2900	20.0
3.	ATTRAK3	5.3500	.9940	20.0

CORRELATION MATRIX

	ATTRAK1	ATTRAK2	ATTRAK3
ATTRAK1	1.0000		
ATTRAK2	-.2404	1.0000	
ATTRAK3	-.0924	.2949	1.0000

OF CASES =   20.0

ANALYSIS OF VARIANCE

				----(13)----	
SOURCE OF VARIATION	SUM OF SQ.	DF	MEAN SQUARE	F	PROB.
BETWEEN PEOPLE	22.4519	19	1.1817		
WITHIN PEOPLE	159.0370	40	3.9759		
BETWEEN MEASURES	114.0111	2	57.0056	48.1103	0
RESIDUAL	45.0259	38	1.1849		
TOTAL	181.4889	59	3.0761		

GRAND MEAN =   4.7000

                        -----(14)------
HOTELLINGS T-SQUARED =   83.1641   F =   39.3935   PROB. =   .0000
     DEGREES OF FREEDOM: NUMERATOR =   2   DENOMINATOR =   18

RELIABILITY COEFFICIENTS   3 ITEMS

ALPHA = -.0027   STANDARDIZED ITEM ALPHA =   -.0390

(1)   Mit dem Kommando FILE HANDLE müssen in SPSS-X alle Dateien
      definiert werden, aus denen Daten eingelesen werden oder, in die
      Ausgaben (z. B. Systemdateien, Korrelationsmatrizen) erfolgen.

(2)   Befehl zum Einlesen der Systemdatei TECHGES. Die Dateinamen können
      an Großrechenanlagen keinen Extensionen erhalten.

(3)   Das SELECT IF-Kommando bewirkt, daß nur die Personen verarbeitet
      werden, die der ersten Versuchsgruppe angehören.

(4)   Bildung der Summenvariablen VIELFA1 (Beurteilung des ersten Bildes
      bezüglich der Vielfältigkeit) bis ATTRAK3 (Beurteilung des dritten
      Bildes bezüglich der Attraktivität).

(5)   Aufruf der Prozedur RELIABILITY. Die Varianzanalyse für Meßwie-
      derholungen wird erst durch das STATISTICS-Unterkommando ange-
      fordert. Nach dem Schlüsselwort VARIABLES sind alle Variablen
      aufzuführen, die in dieser Prozedur benötigt werden. Zu beachten
      ist, daß bei dieser Prozedur ein fallweiser Ausschluß bei fehlenden
      Werten erfolgt. Das bedeutet, wenn ein Fall für eine der nach dem
      Schlüsselwort VARIABLES aufgeführten Variablen einen fehlenden Wert
      aufweist, so wird er für alle Analysen dieser Prozedur ausge-
      schlossen. Variable mit vielen fehlenden Werten sollten deshalb
      möglichst getrennt analysiert werden, weil sonst die Gefahr
      besteht, daß zuviele Fälle ausgeschlossen werden.

      Nach dem Unterkommando SCALE (Benennung) werden die Variablen
      aufgeführt, für die eine gemeinsame Analyse durchgeführt wird. Die
      Benennung ist wahlfrei, maximal acht Zeichen lang, von denen das
      erste Zeichen ein Buchstabe sein muß.

(6)   Über das Unterkommando STATISTICS können die Berechnungen stati-
      stischer Kennwerte angefordert werden.
      STATISTICS 1 bewirkt die Ausgabe der Mittelwert Standard-
      abweichungen und Fallzahlen für die nach dem Unterkommando
      SCALE (...) spezifizierten Variablen.

STATISTICS 3 liefert die Ausgabe der Korrelationsmatrix für diese
Variablen.
STATISTICS 10 bewirkt die Berechnung der Varianzanalyse für
Meßwiederholungen.
STATISTICS 12 führt zur Berechnung der multivariaten statistischen
Kenngröße Hotellings T-Quadrat (vgl. BORTZ 1977, S. 709ff.).

Die Statistiken 1 und 3 erlauben eine grobe Prüfung, ob die Annahme
der Homogenität der Varianz-Kovarianzmatrix gerechtfertigt ist. Die
Statistik 12 wird bedeutsam, wenn die Annahme der Homogenität der
Varianz-Kovarianz-Matrix verletzt ist.

(7)   Ausgabe von Mittelwerten, Standardabweichungen und Fallzahlen für
        die Variablen.

(8)   Ausgabe des unteren Dreiecks der Korrelationsmatrix für die
        Variablen.

(9)   Ausgabe des Signifikanztests der Varianzanalyse für die Variablen
        VIELFA1, VIELFA2 und VIELFA3. Unter der Voraussetzung, daß die
        Annahme der Homogenität der Varianz-Kovarianz-Matrix gerechtfertigt
        ist, sind die Mittelwertunterschiede signifikant ($p = 0.009$). Dies
        trifft auch nach einer Adjustierung des Signifikanzniveaus für drei
        Vergleiche zu ($p = 0.027$).

(10)   Ausgabe des Hotellings T-Quadrat-Tests. Auch hier zeigen sich
        signifikante Mittelwertunterschiede ($p = 0.0263$), die allerdings
        nach der notwendigen Adjustierung der Irrtumswahrscheinlichkeit
        nicht mehr signifikant sind.

(11)   Ausgabe des Signifikanztests für die Variablen NATUER1, NATUER2 und
        NATUER3. Auch hier sind, unter Annahme der Homogenität der Varianz-
        Kovarianz-Matrix, die Mittelwertunterschiede hoch signifikant
        ($p = 0.000$).

146

(12) Ausgabe des Hotellings T-Quadrat-Tests. Diese Mittelwertunterschiede sind hoch signifikant (p = 0.0000), so daß auch nach der notwendigen Adjustierung der Irrtumswahrscheinlichkeit die Unterschiede als überzufällig betrachtet werden können.

(13) Ausgabe des Signifikanztests für die Variablen ATTRAK1, ATTRAK2 und ATTRAK3. Auch hier sind, unter Annahme der Homogenität der Varianz-Kovarianz-Matrix, die Mittelwertunterschiede hoch signifikant (p kleiner als 0.001).

(14) Ausgabe des Hotellings T-Quadrat-Tests. Auch diese Mittelwertunterschiede sind nach der notwendigen Adjustierung der Irrtumswahrscheinlichkeit noch signifikant.

Für den Fall, daß die Annahme der Homogenität der Varianz-Kovarianz-Matrix verletzt ist, könnte eine Signifikanzprüfung der Mittelwertunterschiede auch über Hotelling's T-Quadrat erfolgen. Dabei ergäbe sich jedoch für die Vielfältigkeit nach der notwendigen Adjustierung der Irrtumswahrscheinlichkeit, daß sich die Mittelwerte nicht signifikant unterscheiden. Für die Natürlichkeit und die Attraktivität kann weiterhin von signifikanten Mittelwertunterschieden ausgegangen werden.

Als nächstes wird nun die mit SPSS/PC+ erzeugte Liste der Prozedur MANOVA dargestellt:

This procedure was completed at 14:06:14
```
title           "Analysen fuer Messwiederholungen".
COMPUTE         VIELFA1=(SD103+SD106+SD109)/3.          --(1)
COMPUTE         NATUER1=(SD104+SD107+SD110)/3.
COMPUTE         ATTRAK1=(SD105+SD108+SD111)/3.
COMPUTE         VIELFA2=(SD203+SD206+SD209)/3.
COMPUTE         NATUER2=(SD204+SD207+SD210)/3.
COMPUTE         ATTRAK2=(SD205+SD208+SD211)/3.
COMPUTE         VIELFA3=(SD303+SD306+SD309)/3.
COMPUTE         NATUER3=(SD304+SD307+SD310)/3.
COMPUTE         ATTRAK3=(SD305+SD308+SD311)/3.          --(1)
select if       (VAR14 = 1).                            --(2)
subtitle   "Varianzanalyse fuer Messwiederholungen ueber MANOVA".
MANOVA          VIELFA1,VIELFA2,VIELFA3/                --(3)
```
The raw data or transformation pass is proceeding
     20 cases are written to the uncompressed active file.
```
     WSFACTOR = VIELFA(3)/                              --(4)
     WSDESIGN/                                          --(5)
     PRINT = SIGNIF(AVERF)                              --(6)
      CELLINFO(MEANS)/                                  --(7)
     DESIGN.                                            --(8)
```

     20 cases accepted.
      0 cases rejected because of out-of-range factor values.
      0 cases rejected because of missing data.
      1 non-empty cells.

     1 design will be processed.

- - - - - - - - - -
Cell Means and Standard Deviations   -------(9)------
Variable .. VIELFA1

	Mean	Std. Dev.	N
For entire sample	5.033	1.247	20

- - - - - - - - - -
Variable .. VIELFA2

	Mean	Std. Dev.	N
For entire sample	4.067	1.379	20

- - - - - - - - - -
Variable .. VIELFA3

	Mean	Std. Dev.	N
For entire sample	4.000	1.015	20

- - - - - - - - - -

148

* * ANALYSIS OF VARIANCE -- DESIGN   1 * *

Tests of Between-Subjects Effects.   --(10)--

Tests of Significance for T1 using UNIQUE sums of squares
Source of Variation   SS   DF   MS   F Sig of F

WITHIN CELLS   37.64   19   1.98
CONSTANT   1144.07   1   1144.07   577.55   .000

- - - - - - - - - -

----

* * ANALYSIS OF VARIANCE -- DESIGN   1 * *

Tests involving 'VIELFA' Within-Subject Effect.

Mauchly sphericity test, W =   .84179   --(11)
Chi-square approx. =   3.10001 with 2 D. F.
Significance =   .212   --(11)

Greenhouse-Geisser Epsilon =   .86340   --(12)
Huynh-Feldt Epsilon =   .94181
Lower-bound Epsilon =   .50000   --(12)

AVERAGED Tests of Significance that follow multivariate tests are equivalent to
univariate or split-plot or mixed-model approach to repeated measures.
Epsilons may be used to adjust d.f. for the AVERAGED results.

- - - - - - - - - -

----

* * ANALYSIS OF VARIANCE -- DESIGN   1 * *

EFFECT .. VIELFA
Multivariate Tests of Significance (S = 1, M = 0, N = 8)

Test Name   Value Approx. F Hypoth. DF   Error DF Sig. of F

Pillais   .33263   4.48575   2.00   18.00   .026 --(13)
Hotellings   .49842   4.48575   2.00   18.00   .026
Wilks   .66737   4.48575   2.00   18.00   .026 --(13)
Roys   .33263

- - - - - - - - - -

```
-------------------------------------------------------------------------------
Page   6   Analysen fuer Messwiederholungen                        6/21/86
Varianzanalyse fuer Messwiederholungen ueber MANOVA

* * ANALYSIS  OF  VARIANCE -- DESIGN   1 * *

Tests involving 'VIELFA' Within-Subject Effect.
                       -----------------(14)--------------------
AVERAGED Tests of Significance for VIELFA using UNIQUE sums of squares
Source of Variation           SS       DF       MS       F  Sig of F

WITHIN CELLS                47.59      38      1.25
VIELFA                      13.38       2      6.69     5.34     .009

- - - - - - - - - -

     5840 BYTES OF WORKSPACE NEEDED FOR MANOVA EXECUTION.
-------------------------------------------------------------------------------
```

(1)   Berechnung der Summenwerte für die Variablen VIELFA1 bis ATTRAK3.

(2)   Das SELECT IF-Kommando bewirkt, daß nur die Personen verarbeitet werden, die der Versuchsgruppe 1 angehören.

(3)   Aufruf der Prozedur MANOVA. Da das Schlüsselwort by nicht angegeben wurde, sind keine unabhängigen Variablen spezifiziert worden.

(4)   Das Unterkommando WSFACTOR kennzeichnet die Faktoren innerhalb der Personen (die Meßwiederholungsfaktoren). In Klammern wird die Anzahl der abhängigen Beobachtungen pro Person angegeben. Unsere Spezifikation WSFACTOR = VIELFA(3) bewirkt, daß ein Meßwiederholungsfaktor mit drei Beobachtungen analysiert wird.

(5)   Das Unterkommando WSDESIGN legt das Analysedesign für Meßwiederholungen fest. Ohne weitere Spezifikation wird ein vollständiges Design angefordert.

(6)   Über das PRINT-Unterkommando kann die Ausgabe statistischer Kennwerte gesteuert werden:

Mit dem Schlüsselwort SIGNIF wird die Berechnungsweise des Signifikanzniveaus festgelegt. Die Spezifikation SIGNIF(AVERF) bewirkt die Berechnung einer gewichteten univariaten Prüfgröße F. Diese entspricht dem F-Wert, der in der Prozedur RELIABILITY als Ergebnis der Varianzanalyse für Meßwiederholungen ausgegeben wurde.

(7) Die Spezifikation CELLINFO(MEANS) im PRINT-Unterkommando bewirkt die Ausgabe der Mittelwerte für die Variablen VIELFA1, VIELFA2 und VIELFA3.

(8) Der Abschluß des MANOVA-Kommandos erfolgt wieder durch das DESIGN-Unterkommando.

(9) Ausgabe von Mittelwert, Standardabweichung und Fallzahl für die Variablen VIELFA1, VIELFA2 und VIELFA3.

(10) Prüfung des konstanten Terms des varianzanalytischen Modells auf signifikante Abweichung von 0.0. Diese Fragestellung ist für unser Datenmaterial nicht sinnvoll und könnte durch die Spezifikation METHOD=ESTIMATION(NOCONSTANT) unterdrückt werden. Dies hätte jedoch auch zur Konsequenz, daß der Mauchly-Sphärizitätstest zur Prüfung der Homogenitätsannahme der Varianz-Kovarianz-Matrix unterdrückt würde (vgl (11) und (12)).

(11) Ausgabe des Mauchly Sphärizitätstests. Dieser Test prüft, ob die Annahme der Homogenität der Varianz-Kovarianz-Matrix beibehalten werden kann. In unserem Falle ergibt sich eine Irrtumswahrschein-lichkeit von 0.212 für die annähernd Chi-Quadrat verteilte Prüf-größe. Da die Irrtumswahrscheinlichkeit von 0.212 deutlich über dem 10% Niveau liegt, kann die Annahme einer homogenen Varianz-Kovarianz-Matrix aufrechterhalten werden.

(12) Ausgabe des Greenhouse-Geisser und des Huynh-Feldt-Epsilons. Beides sind Korrekturfaktoren, mit denen die Freiheitsgrade zu multipli-zieren sind, wenn nicht von einer homogenen Varianz-Kovarianz-Matrix ausgegangen werden kann. Ist die Homogenität der Varianz-

Kovarianz-Matrix nicht gegeben, so ist die tatsächliche Wahrscheinlichkeit des alpha-Fehlers größer als das ausgegebene Signifikanzniveau. Da die Epsilons in der Regel kleiner als 1.0 sind, bewirkt
eine Gewichtung in der Regel eine Verminderung der Freiheitsgrade
und läßt damit den F-Test konservativer werden. Welcher der beiden
Korrekturfaktoren (Greenhouse-Geisser oder Huynh-Feldt) zu verwenden ist, ist letztendlich eine Frage der Konvention. Die
Korrektur nach Greenhouse-Geisser ist konservativer als die nach
Huynh-Feldt und führt später zur Aufgabe der Null-Hypothese.
Als letzter Kennwert wird ein "lower-bound Epsilon" ausgegeben. Das
ist der niedrigste Wert, den Epsilon annehmen kann.

(13)   Ausgabe von vier multivariaten Signifikanz-Test. Der bekannteste
       davon ist Hotellings T-Quadrat. Aufgrund dieser Tests ergibt sich,
       daß mit weniger als 5% Irrtumswahrscheinlichkeit überzufällige
       Unterschiede zwischen den drei Mittelwerten vorliegen.

(14)   Ausgabe der Varianzanalyse für die Variablen VIELFA1, VEILFA2 und
       VIELFA3. Es ergibt sich ein F-Wert von 5.34 und damit eine Wahr-
       scheinlichkeit des alpha-Fehlers von 0,9%. Damit kann sowohl nach
       der Varianzanalyse für Meßwiederholungen als auch nach dem konser-
       vativeren Hotelling T-Quadrat-Test gesagt werden, daß sich die
       Mittelwerte der drei Beobachtungsstufen signifikant unterscheiden.
       Diese Ergebnisse entsprechen exakt den mit der Prozedur RELIABILITY
       erzielten Ergebnissen (vgl S. 141). Allerdings ist auch hier darauf
       hinzuweisen, daß gegebenenfalls (bei der Durchführung mehrerer
       Mittelwertvergleiche) eine Adjustierung des Signifikanzniveaus
       vorzunehmen ist.

7.2.1.3 Multiple Mittelwertvergleiche bei Varianzanalysen für Meßwiederholungen

Hat die Varianzanalyse, beispielsweise für die Beurteilung der Bilder bezüglich der Vielfältigkeit, ein signifikantes Ergebnis erbracht, so kann weiter gefragt werden, welche Mittelwerte sich signifikant voneinander unterscheiden. Um dies zu überprüfen, sind multiple Vergleiche erforderlich. Von DIEHL (1977, S. 284f.) wird hierfür der Tukey-Test empfohlen. Dieser Test ist zwar nicht in SPSS implementiert (ebensowenig sind andere a-posteriori-Tests für die Varianzanalyse bei abhängigen Messungen implementiert), jedoch ist er mit relativ wenig Aufwand zu berechnen.

Ausgehend von den Mittelwerten, die wir erhalten haben (VIELFA1 = 5.033; VIELFA2 = 4.067; VIELFA3 = 4.000) ergibt sich folgende Matrix absoluter Differenzen:

	VIELFA2	VIELFA3
VIELFA1	.966	1.033
VIELFA2	-	.067

Es ist nun zu prüfen, ob diese Differenzen größer bzw. gleich der kritischen Differenz des Tukey-Tests sind, die nach folgender Formel berechnet wird:

$$D_{krit} = (\text{alpha}_q \; k; \; (k-1) * (N-1)) * \sqrt{\frac{MS_{residual}}{N}}$$

Dabei bedeuten:

$\text{alpha}_q \; k; \; (k-1) * (N-1)$ den tabellierten Wert des studentischen Ranges auf dem Signifikanzniveau mit k (Anzahl der Gruppen) und $(k-1) * (N-1)$ (N = Anzahl der Fälle) Freiheitsgraden.

In unserem Fall bedeutet dies:

Wir testen auf dem 5%-Niveau (alpha = 0.05).

Für k=3 Gruppen bei 20 Fällen ergibt sich: $.05 \, q \, 3;38 = 3.46$

(vgl. DIEHL 1977, S. 359):

$$D_{krit} = 3.46 * \sqrt{\frac{1.252}{20}} = 3.46 * \sqrt{0.0626} = 3.46 * 0.25$$

$$D_{krit} = 0.867.$$

In der Differenzmatrix sind also folgende mit * gekennzeichnete Werte signifikant:

	VIELFA2	VIELFA3
VIELFA1	.966*	1.033*
VIELFA2	-	.067

D.h. der Mittelwert der Beurteilung des Bildes S bezüglich der Vielfältigkeit ist signifikant größer als die Mittelwerte der Bilder Am und Bo. Die Mittelwerte der beiden letztgenannten Bilder unterscheiden sich nicht signifikant.

7.2.1.4 Die Signifikanzprüfung bei Verletzung der Homogenitätsannahme der Varianz-Kovarianzmatrix

SPSS/PC+ bietet in der Prozedur MANOVA für Meßwiederholungsdesigns den Mauchly Sphärizitäts-Test zum Test der Homogenitätsannahme für die Varianz-Kovarianz-Matrix. Damit verbunden werden Korrekturfaktoren (nach Greenhouse & Geisser, sowie nach Huynh & Feldt) ausgegeben, um die Freiheitsgrade zu reduzieren. Methodische Probleme können sich bei der Frage ergeben, wie konservativ die Reduzierung der Freiheitsgrade in Hinblick auf den beta-Fehler sein soll.

Will man nicht zwischen verschiedenen Korrekturfaktoren zur Adjustierung der Freiheitsgrade wählen, so bietet BORTZ einen anderen Ansatz des

154

Vorgehens, wenn die Homogenität der Varianz-Kovarianz-Matrix nicht
gegeben ist.
BORTZ (1977, S. 446) schlägt ein differenziertes, schrittweises Vorgehen
der Prüfung vor(vgl. Übersicht 2).
Übersicht 2: Vorgehen zur Signifikanzprüfung bei Meßwiederholungsdesigns,
　　　　　　 wenn die Annahme der Homogenität der Varianz-Kovarianz-
　　　　　　 Matrix nicht beibehalten werden kann.

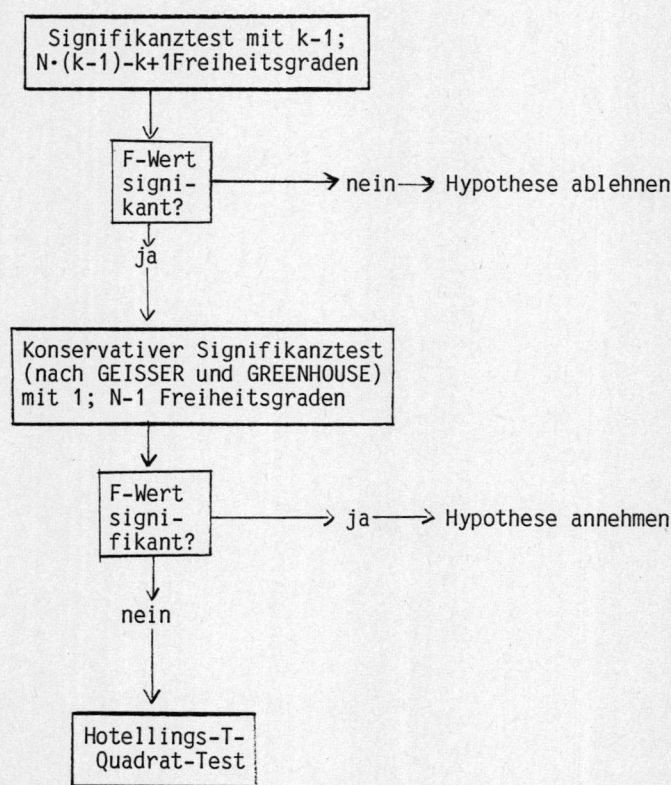

Es sollte zunächst der übliche Signifikanztest der Varianzanalyse für
Meßwiederholungen durchgeführt werden. Ist das Ergebnis nicht signifikant, so kann auf eine weitere Prüfung verzichtet werden, da der
tatsächliche alpha-Fehler größer ist als der ausgegebene. Die Hypothese
ist zu verwerfen.

Ist das Ergebnis signifikant, wie in unserem Beispiel für die Vielfältigkeit, so ist der konservative F-Test nach GEISSER & GREENHOUSE
durchzuführen. Der kritische F-Wert für das 5%-Niveau beträgt bei
1; 19 Freiheitsgraden 4.38. Der ermittelte F-Wert (5.342) ist größer und
damit in jedem Fall auf dem 5%-Niveau signifikant.

Im Falle eines nicht-signifikanten F-Wertes wäre nun Hotellings
T-Quadrat-Test durchzuführen, um endgültig über die Hypothese zu
entscheiden.
Dieses Vorgehen läßt jedoch die Korrekturen vollständig unberücksichtigt,
die die Prozedur MANOVA zur Adjustierung der Freiheitsgrade anbietet.

Bei nur einer Versuchsgruppe und mehreren Meßwiederholungen sollte jedoch
auch die Friedman'sche Rangvarianzanalyse als Alternative zu der von
BORTZ vorgeschlagenen Vorgehensweise berücksichtigt werden.

7.2.2 Friedman's Rangvarianzanalyse

Da die Rangvarianzanalyse von Friedman nur Ordinalskalenniveau der
Variablen als Voraussetzung hat, ist sie als Alternative zur parametrischen Varianzanalyse für Meßwiederholungen zu empfehlen. Dies gilt
insbesondere dann, wenn eine Verletzung der Homogenität der Varianz-
Kovarianz-Matrix zu befürchten ist.

7.2.2.1 Das Grundprinzip von Friedman's Rangvarianzanalyse

Um das Prinzip der Rangvarianzanalyse zu verdeutlichen, gehen wir von
einem fiktiven Datensatz aus (bestehend aus fünf Personen mit jeweils
drei Meßwerten). Den Meßwerten werden personenweise Rangwerte
(in Klammern) zugeordnet. Die Rangwerte werden für jede Variable
aufsummiert.

Beispiel:

	Variable 1	Variable 2	Variable 3
Person 1	4 (2)	6 (3)	3 (1)
Person 2	3 (2)	8 (3)	2 (1)
Person 3	4 (3)	3 (3)	2 (1)
Person 4	2 (1)	6 (3)	5 (2)
Person 5	3 (2)	4 (3)	2 (1)
	-----	-----	-----
Rangsummen	10	14	6
	=====	=====	=====

Die Prüfgröße x_r^2 läßt sich nun nach folgender Formel berechnen:

$$x^2 = \frac{12}{N * k * (k + 1)} * \sum_{j=i}^{k} (R_j)^2 - 3N(k+1)$$

In unserem Beispiel ergibt sich:

$$x^2 = \frac{12}{5 * 3 * 4} * (10^2 + 14^2 + 6^2) - 3 * 5 * 4$$

$$x^2 = 0.2 \cdot 332 - 60$$

$$x^2 = 66.4 - 60 = 6.4$$

Dieser Wert ist annähernd Chi-Quadrat verteilt mit k-1 Freiheitsgraden ab
k = 3 und N größer als 9; bzw. ab k größer als 4 und N größer als 4. Für
weniger Fälle existieren Tabellen mit den exakten Wahrscheinlichkeiten.
Über die Effizienz des Verfahrens liegen keine exakten Angaben vor.
SIEGEL (1976, S. 164 f.) zeigt jedoch eine Gegenüberstellung, die für
eine annähernde Gleichwertigkeit von Friedman's Rangvarianzanalyse und
der parametrischen Varianzanalyse für Meßwiederholungen spricht.

7.2.2.2. Friedman's Rangvarianzanalyse in SPSS

Im Folgenden werden nun Aufruf und Ergebnisse der Rangvarianzanalyse in
SPSS dargestellt:

```
This procedure was completed at 18:57:47
subtitle  "Friedman-Rangvarianzanalyse".
NPAR TESTS      FRIEDMAN =VIELFA1,VIELFA2,VIELFA3/      --(1)
        FRIEDMAN =NATUER1,NATUER2,NATUER3/
        FRIEDMAN =ATTRAK1,ATTRAK2,ATTRAK3.             --(1)

 ***** WORKSPACE allows for    3184 cases for NPAR TESTS *****
```

Page   5   Analysen fuer Messwiederholungen   4/21/86
Friedman-Rangvarianzanalyse

- - - - - Friedman Two-way ANOVA

        Mean Rank   Variable
          --(2)--
          2.40   VIELFA1
          1.83   VIELFA2
          1.77   VIELFA3
                          --(3)--   --(4)--
          Cases   Chi-Square   D.F.   Significance
           20   4.8250   2   .0896

- - - - - Friedman Two-way ANOVA

        Mean Rank   Variable
          --(2)--
          2.53   NATUER1
          1.02   NATUER2
          2.45   NATUER3
                          --(3)--   --(5)--
          Cases   Chi-Square   D.F.   Significance
           20   28.5750   2   .0000

- - - - - Friedman Two-way ANOVA

        Mean Rank   Variable
          --(2)--
          2.72   ATTRAK1
          1.05   ATTRAK2
          2.22   ATTRAK3
                          --(3)--   --(6)--
          Cases   Chi-Square   D.F.   Significance
           20   29.5750   2   .0000

(1)   Aufruf der Friedman'schen Rangvarianzanalyse über das Kommando
        NPAR TESTS mit dem Unterkommando FRIEDMAN.

(2)   Ausgabe der mittleren Ränge für die Variablen. Die mittleren
        Ränge berechnen sich aus Rangsumme dividiert durch die Anzahl
        der Fälle. Diese Informationen können für die Berechnung mul-
        tipler Mittelwertvergleiche genutzt werden. Aus den mittleren
        Rängen können wir entnehmen, daß Bild S bezüglich der Viel-
        fältigkeit (VIELFA1), Natürlichkeit (NATUER1) und Attraktivität
        (ATTRAK1) jeweils am positivsten beurteilt wird (die höchsten
        mittleren Ränge aufweist).

(3)   Ausgabe der Chi-Quadrat verteilten Prüfgrößen.

(4)   Ausgabe des Signifikanzniveaus für die Mittelwertunterschiede
        bezüglich der Vielfältigkeit. Die Hypothese, daß bezüglich der
        Vielfältigkeit Beurteilungsunterschiede auftreten, muß zurück-
        gewiesen werden (p größer als 0.05).

(5)   Ausgabe des Signifikanzniveaus für die Mittelwertunterschiede
        bezüglich der Natürlichkeit. Die Mittelwertunterschiede sind
        - auch nach der Adjustierung des Signifikanzniveaus für drei
        Vergleiche - hochsignifikant (p kleiner als 0.001).

(6)   Ausgabe des Signifikanzniveaus für die Mittelwertunterschiede
        bezüglich der Attraktivität. Auch diese Mittelwertunterschiede
        sind hochsignifikant.

7.2.2.3 Multiple Mittelwertvergleiche

Auch im Anschluß an die Friedman'sche Rangvarianzanalyse lassen sich ohne
großen Aufwand multiple Mittelwertvergleiche berechnen. Zur Signifikanzprüfung wird die absolute Differenz zwischen zwei mittleren Rängen mit
der Prüfgröße d_{krit} verglichen (vgl. DIEHL & KOHR 1977, S. 138).

Zunächst wird die Matrix der absoluten Differenzen zwischen den mittleren
Rängen berechnet. Wir wollen dies für das Natürlichkeitsurteil demonstrieren.

Es ergeben sich folgende mittlere Ränge:

NATUER 1	NATUER 2	NATUER 3
2.52	2.02	2.45

Daraus ergibt sich folgende Matrix absoluter Differenzen:

	NATUER 2	NATUER 3
NATUER 1	1.50	.07
NATUER 2	-	1.43

Die Prüfgröße d_{krit} berechnet sich:

$$d_{krit} = \sqrt{\frac{alpha\ \chi2}{(k-1)}} \quad * \quad \sqrt{\frac{k * (k+1)}{6 * N}}$$

Da wir auf dem 5%-Niveau prüfen, ergibt sich für Chi-Quadrat bei zwei Freiheitsgraden ein Wert von 5.99

$$d_{krit} = \sqrt{5.99} * \sqrt{\frac{3 * 4}{6 * 20}} = \sqrt{5.99} * \sqrt{0.1} = 2.447 * 0.316$$

$$d_{krit} = 0.774$$

Die mit * gekennzeichneten Differenzen stellen damit auf dem 5%-Niveau signifikante Mittelwertunterschiede dar.

	NATUER 2	NATUER 3
NATUER 1	1.50*	.07
NATUER 2	-	1.43*

Wir sehen daraus, daß sowohl das Bild S als auch das Bild Bo bezüglich der Natürlichkeit signifikant positiver beurteilt wurde als das Bild Am, auf dem Hochspannungsleitungen zu erkennen sind.

8. Korrelationsanalytische Verfahren

Zur Darstellung der korrelationsanalytischen Verfahren wollen wir prüfen, ob ein Zusammenhang zwischen der Intensität des naturschutzbezogenen Interesses und der Beurteilung der Bilder besteht.

Gemäß unseren theoretischen Überlegungen müßten besonders für die Bilder mit Hochspannungsleitungen signifikante negative Zusammenhänge zwischen den Erlebnisdimensionen Natürlichkeit, Attraktivität und der Intensität des naturschutzbezogenen Interesses nachzuweisen sein. Zur Prüfung dieser Frage eignet sich die bivariate Korrelationsanalyse.

Anschließend soll geprüft werden, ob die Intensität des naturschutz-bezogenen Interesses einen direkten Einfluß auf das Attraktivitätsurteil ausübt, oder ob zwischen beiden Variablen eine Scheinkorrelation ange-nommen werden kann. Zur Beantwortung dieser Frage eignet sich die Partialkorrelationsanalyse. Hierbei wird die Stärke des Zusammenhanges zwischen zwei Variablen unter der statistischen Konstanthaltung weiterer Variablen ermittelt.

8.1. Bivariate Korrelationsanalyse

Die Korrelationsanalyse ist ein Verfahren zur Prüfung der Stärke des linearen Zusammenhangs zwischen zwei Variablen. Sie eignet sich ins-besondere zur Überprüfung von Hypothesen der Art: "Je größer die Intensität des naturschutzbezogenen Interesses, desto negativer wird ein Bild mit Hochspannungsleitungen bezüglich der Attraktivität beurteilt".

Die Korrelationskoeffizienten sind standardisiert und bewegen sich im Wertebereich von -1.0 bis 1.0. Dabei bedeutet 1.0, daß ein positiver, vollständig linearer Zusammenhang zwischen den Variablen vorliegt. Wenn die Variable X um eine Einheit zunimmt, so nimmt auch die Variable Y um eine Einheit zu (Dies gilt für standardisierte Maßeinheiten). Ein Wert von 0.0 bedeutet, daß kein linearer Zusammenhang zwischen beiden Variablen vorliegt. Ohne zusätzliche Information können wir nicht sagen, ob, in welche Richtung und mit welcher Stärke sich die Variable Y

verändert, wenn sich die Variable X um eine Einheit verändert. Ein Wert
von -1.0 besagt, daß ein perfekter negativer Zusammenhang vorliegt.

Nach dem absoluten Betrag der Korrelationskoeffizienten kann man aufteilen in schwache Zusammenhänge (unter .30), mittelstarke Zusammenhänge (zwischen .30 und .50) und starke Zusammenhänge (über .50).

Da mit der Korrelation nur die Stärke des linearen Zusammenhanges erfaßt
wird, bedeutet ein niedriger, nicht-signifikanter Korrelationskoeffizient
nur, daß kein linearer Zusammenhang zwischen den zwei Variablen besteht.
Es ist jedoch möglich, daß ein andersgearteter Zusammehang (z.B. ein
u-förmiger Zusammenhang) vorliegt.

Die Korrelationsanalyse erfordert keine Annahmen über Art oder
Wirkungsrichtung des linearen Zusammenhanges zwischen zwei Variablen.
Allerdings kann der Korrelationskoeffizient aufgrund von theoretischen
Annahmen oder von Plausibilitätsüberlegungen kausal interpretiert wrden.
So könnte z.B. ein signifikanter Zusammenhang zwischen Lebensalter und
der Menge verzehrter Schokolade problemlos dahingehend interpretiert
werden, daß das Lebensalter den Schokoladenkonsum beeinflußt und nicht
umgekehrt.

8.1.1. Die Produkt-Moment-Korrelation

Das am häufigsten verwendete Korrelationsverfahren ist die Produkt-
Moment-Korrelation (auch als Bravais-Pearson-Korrelation bezeichnet). Die
Produkt-Moment-Korrelation berechnet die Stärke der gemeinsamen Variation
zweier Variablen (als Kovarianz bezeichnet), die mit den Varianzen der
beiden Variablen gewichtet wird. (Auf die Darstellung der exakten
Rechenformeln wird hier verzichtet, der interessierte Leser wird auf
entsprechende Lehrbücher z.B. BORTZ 1977, S. 245 ff. oder BLALOCK 1960,
S. 285 ff. verwiesen.)

Annahmen bei der Brechung der Produkt-Moment-Korrelation sind:

1) Intervallskalenniveau der Variablen

2) Die Variablen sind in der Grundgesamtheit normalverteilt.

Die Verletzung der ersten Voraussetzung läßt die Berechnung des Korrelationskoeffizienten r unsinnig werden, statt dessen sollte ein nicht-
parametrischer Korrelationskoeffizient berechnet werden. Die Konsequenzen
der Verletzung der zweiten Annahme hängen davon ab, welcher Verteilungsparameter gegen die Normalverteilungsannahme verstößt.

Ist die Verteilung einer oder beider Variablen nicht symmetrisch, so kann
dies Konsequenzen für die Ausprägung des Korrelationskoeffizienten haben.
Damit der Korrelationskoeffizient Werte zwischen -1.0 und +1.0 annehmen
kann, müssen beide Variablen annähernd symmetrisch verteilt sein. Extrem
schief verteilte Variablen schränken den Wertebereich ein, in dem sich
der Koeffizient bewegen kann. Sind andere Verteilungsparameter für eine
Abweichung von der Normalverteilung verantwortlich (z.B. keine eingipfe-
lige Verteilung), so wird das Signifikanzniveau nicht exakt berechnet.

8.1.1.1 Die Produkt-Moment-Korrelation in SPSS

Produkt-Moment-Korrelationen lassen sich in SPSS über verschiedene
Prozeduren berechnen, da die Matrix der Korrelationen z.B. die Ausgangsbasis für Faktor- und Regressionsanalysen liefert. Die Prozedur
CORRELATION (in SPSS-X PEARSON CORR) ist speziell für die Berechnung der
Korrelationsanalyse vorgesehen und liefert die meisten Informationen. Wir
wollen deshalb die mit der Prozedur CORRELATION erzeugte Ergebnisliste
näher betrachten.

164

```
This procedure was completed at 20:12:59
title   "Korrelationsanalyse".
subtitle "Produkt-Moment-Korrelation".
select if     (VAR1 eq 4 or VAR1 eq 5).                    --(1)
COMPUTE        VIELFA = (SD03 + SD06 + SD09) / 3.
COMPUTE        NATUER = (SD04 + SD07 + SD10) / 3.
COMPUTE        ATTRAK = (SD05 + SD08 + SD11) / 3.
COMPUTE        NATSCHUT = (NAT2 + NAT6 + NAT7 + NAT8) / 4.
process if     (VAR1 eq 4).                                --(2)
* Bild A-mit.
CORRELATION    VARIABLES = VIELFA to NATSCHUT/             --(3)
The raw data or transformation pass is proceeding
     80 cases are written to the uncompressed active file.
          OPTIONS = 3,5/                                   --(4)
          STATISTICS = 1.                                  --(4)
```

Page   3   Korrelationsanalyse   4/22/86
Produkt-Moment-Korrelation

Variable	Cases	Mean	Std Dev	
VIELFA	40	4.2917	1.2522	--(5)
NATUER	40	2.1083	1.0306	
ATTRAK	40	2.6500	1.2652	
NATSCHUT	40	4.1625	.8853	--(5)

Page   4   Korrelationsanalyse   4/22/86
Produkt-Moment-Korrelation

Correlations: VIELFA   NATUER   ATTRAK   NATSCHUT

	VIELFA	NATUER	ATTRAK	NATSCHUT	
VIELFA	1.0000	.3193	.4077	-.1113	--(6)
	(40)	(40)	(40)	(40)	--(7)
	P= .	P= .045	P= .009	P= .494	--(8)
NATUER	.3193	1.0000	.8339	-.1861	--(9)
	(40)	(40)	(40)	(40)	
	P= .045	P= .	P= .000	P= .250	--(10)
ATTRAK	.4077	.8339	1.0000	-.3676	
	(40)	(40)	(40)	(40)	
	P= .009	P= .000	P= .	P= .020	
NATSCHUT	-.1113	-.1861	-.3676	1.0000	
	(40)	(40)	(40)	(40)	
	P= .494	P= .250	P= .020	P= .	

(Coefficient / (Cases) / 2-tailed Significance)   --(11)

" . " is printed if a coefficient cannot be computed --(11)

(1)   Anweisung für eine permanente Datenselektion. Dadurch werden für
diesen SPSS-Lauf nur die Beurteilungen für die Bilder Ao
(VAR4 EQ 4) und Am (VAR4 EQ 5) beibehalten. Alle anderen Fälle
werden ausgeschlossen.

(2)   Anweisung für eine temporäre Datenselektion. Dadurch werden für den
nächsten Prozeduraufruf nur die Beurteilungen des Bildes Ao beibehalten.

(3)   Aufruf der Produkt-Moment-Korrelation über die Prozedur CORRELATION
(in SPSS-X PEARSON CORR). Werden hier nur Variablen aufgezählt (wie
in unserem Beispiel), so wird eine vollständige symmetrische
Korrelationsmatrix ausgegeben, deren Diagonale mit 1.00 besetzt
ist. Wird das Schlüsselwort WITH verwendet, so werden alle Korrelationskoeffizienten zwischen den Variablen vor dem Schlüsselwort
WITH und den Variablen nach WITH ausgegeben.

(4)   Über die OPTIONS und STATISTICS-Unterkommandos können zusätzliche
Leistungen angefordert werden:

OPTIONS 3 bewirkt, daß ein zweiseitiger Signifikanztest durchgeführt wird (für ungerichtete Hypothesen). Die Voreinstellung ist
ein einseitiger Signifikanztest (bei gerichteten Hypothesen, d.h.
wenn je... desto... Zusammenhänge postuliert werden).

OPTIONS 5 bewirkt, daß die Fallzahlen, auf denen die Korrelationskoeffizienten basieren, und das Signifikanzniveau für die Korrelationskoeffizienten mitausgegeben werden.

STATISTICS 1 bewirkt die Ausgabe von Fallzahl, Mittelwert und
Standardabweichung der Variablen, die in die Korrelationsanalyse
eingehen.

(5)   Ausgabe der statistischen Kennwerte, die über STATISTICS 1
angefordert wurden.

(6)   Korrelationskoeffizienten zwischen VIELFA (Urteile bezüglich der
      Vielfältigkeit) und NATSCHUT (Intensität des naturschutzbezogenen
      Interesses) r = -.1113. Es besteht ein schwacher negativer Zusam-
      menhang. Das bedeutet: Personen mit hoher Intensität des natur-
      schutzbezogenen Interesses beurteilen das Bild bezüglich der
      Vielfältigkeit tendenziell etwas weniger positiv als Personen mit
      niedriger Intensität des naturschutzbezogenen Interesses.

(7)   Ausgabe der Anzahl der Fälle, die bei der Berechnung des Korre-
      lationskoeffizienten zugrunde liegen. Die Voreinstellung bei
      CORRELATION ist paarweiser Ausschluß. D.h. ein Fall wird nur dann
      aus der Berechnung ausgeschlossen, wenn er für eine der Variablen
      einen fehlenden Wert aufweist. Auf diese Weise können, wenn
      fehlende Werte in Daten vorhanden sind, die Korrelations-
      koeffizienten einer Matrix auf unterschiedlichen Fallzahlen
      beruhen. Fallweiser Ausschluß (d.h. alle Koeffizienten basieren auf
      der gleichen Anzahl von Fällen) kann durch OPTIONS 2 angefordert
      werden.

(8)   Ausgabe des Signifikanzniveaus für den Korrelationskoeffizienten.
      Bedingt durch die Spezifikation OPTIONS 3 wurde ein zweiseitiger
      Signifikanztest durchgeführt. Der Wert p = .494 besagt, daß die
      Hypothese eines Zusammenhanges zwischen der Vielfältigkeit und der
      Intensität des naturschutzbezogenen Interesses nicht bestätigt
      wurde.

(9)   Korrelationsanalyse zwischen der erlebten Natürlichkeit und der
      Intensität des naturschutzbezogenen Interesses. Der Zusammenhang
      (r = -.1861) ist schwach negativ. Auch bei einseitiger Testung
      (Halbierung der ausgegebenen Irrtumswahrscheinlichkeit p = 0.125)
      ist der Zusammenhang nicht signifikant.

(10) Korrelationsanalyse zwischen der erlebten Attraktivität und der
      Intensität des naturschutzbezogenen Interesses. Der Zusammenhang
      (r = -.3676) ist mittelstark negativ. Da eine gerichtete Hypothese
      vorliegt, kann die Irrtumswahrscheinlichkeit halbiert werden
      (p = 0.010). Die Hypothese ist damit bestätigt.

(11) SPSS informiert, ob ein einseitiger oder zweiseitiger Signifikanztest durchgeführt wurde. Für den Fall, daß ein Koeffizient nicht
berechnet werden kann, wird anstelle des Koeffizienten der Wert "."
ausgegeben. Dies ist z.B. bei der Ausgabe des Signifikanzniveaus
der Korrelation der Variablen mit sich selbst (der Diagonalelemente der Korrelationsmatrix) zu beobachten.

Auch hier soll wieder darauf hingewiesen werden, daß bei der Interpretation der Ergebnisse einer Korrelationsmatrix ohne explizite
Hypothesen eine Adjustierung des Signifikanzniveaus nach der Formel:

$$\text{alpha}_{adj} = 1 - (1- \text{alpha})^C$$

erforderlich ist.

8.1.1.2 Prüfung der Gleichheit zweier unabhängiger Korrelations-koeffizienten

Der Zusammenhang zwischen der erlebten Natürlichkeit und der Intensität
des naturschutzbezogenen Interesses beträgt bei der Beurteilung des
Bildes Am $r = -.186$. Für die Beurteilung des Bildes Ao (ohne Hochspannungsleitungen) beträgt der Zusammenhang $r = -.510$. Es ist nun zu prüfen,
ob sich die beiden Korrelationskoeffizienten signifikant unterscheiden,
d.h. ob der Einfluß des naturschutzbezogenen Interesses auf das Urteils-
verhalten für die beiden Bilder unterschiedlich stark ist. Da eine
Versuchsperson entweder Bild Ao oder Bild Am zu beurteilen hatte, wurden
die beiden Korrelationskoeffizienten in unterschiedlichen Populationen
ermittelt.

Damit ist ein Test für unabhängige Korrelationskoeffizienten anzuwenden
(vgl. BORTZ 1977, S. 263; DIEHL & KOHR 1977, S. 263 f.). Zunächst werden
die beiden Korrelationskoeffizienten der Fisher'schen Z-Transformation
unterzogen.

Dabei ergibt sich (vgl. z.B. DIEHL & KOHR 1977, S. 312, Tab. 19):

$$r_1 = -.186 \qquad Z_{r1} = -.187$$
$$r_2 = -.510 \qquad Z_{r2} = -.563$$

Die Prüfgröße Z berechnet sich aus:

$$Z = \frac{z_{r1} - z_{r2}}{\sqrt{\dfrac{1}{n_1 - 2} + \dfrac{1}{n_2 - 3}}}$$

$$Z = \frac{-.187 - (-.563)}{\sqrt{\dfrac{1}{40 - 3} + \dfrac{1}{40 - 3}}}$$

$$Z = \frac{-.376}{\sqrt{\dfrac{2}{37}}} = \frac{.367}{.232} = 1.617$$

Die resultierende Prüfgröße Z ist standardnormalverteilt. Bei ungerichteten Hypothesen ist der kritische Wert für Z (bei alpha = 0.05) = 1.96. Das bedeutet, wir können davon ausgehen, daß die unterschiedliche Höhe der Korrelationskoeffizienten zufallsbedingt ist.

Für Koeffizienten, die in derselben Population ermittelt wurden, existiert ebenfalls eine Prüfmöglichkeit (vgl. BORTZ 1977, S. 265 f.).

8.1.2 Rangkorrelationsverfahren

8.1.2.1 Spearman's rho

Für die Berechnung von Spearman's rho werden die Meßwerte jeder Variablen zunächst in Rangplätze transformiert. Dann werden Differenzen zwischen den Rangplätzen berechnet. Die quadrierten Differenzen werden aufsummiert. Die Berechnung von Spearman's rho erfolgt dann nach der Formel:

$$rho = 1 - \frac{6 * \sum_{i=1}^{N} d_i^2}{N^3 - N}$$

Wir können uns das Vorgehen an folgenden fiktiven Daten verdeutlichen:

Person	Variable X		Variable Y		Differenz $X_i - Y_i$ d_i	Quadrat der Differenz d_i^2
	Meßwert	Rangplatz	Meßwert	Rangplatz		
1	2	2	9	5	- 3	9
2	8	4	2	2	2	4
3	1	1	4	3	- 2	4
4	9	5	6	4	1	1
5	4	3	1	1	2	4

$$\sum = 22$$

Es ergibt sich somit:

$$rho = 1 - \frac{6 * 22}{5^3 - 5} = 1 - \frac{132}{120} = 1 - 1.1 = -.1$$

Treten für eine oder beide Variablen zahlreiche Verbundwerte auf (Fälle mit gleichen Meßwerten bzw. Rangplätzen), so muß eine Korrekturformel verwendet werden, um zu gewährleisten, daß der Koeffizient alle Werte zwischen -1.0 und 1.0 annehmen kann. Diese Korrekturformel wird bei der Berechnung durch SPSS standardmäßig angewandt.

Die Signifikanzprüfung für rho erfolgt für eine Stichprobe von größer als 10 über eine t-verteilte Prüfgröße.

$$t = rho * \sqrt{\frac{N - 2}{1 - rho^2}} \text{ mit N-2 Freiheitsgraden.}$$

Die Effizienz der Spearman's Rangkorrelation beträgt etwa 91 % der Effizienz der Produkt-Moment-Korrelation.

8.1.2.2 Kendall's tau

Das Prinzip der Berechnung von Kendall's tau läßt sich wie folgt
beschreiben:

Die Meßwerte für die Variablen X und Y werden in Rangplätze transformiert. Diese Rangplätze werden bezüglich der Variablen X in
aufsteigender Reihenfolge geordnet. Danach wird für die Variable Y das
erste Element mit den Elementen 2 bis N verglichen. Für jedes dieser
Elemente, das größer als das erste ist, wird +1 für jedes kleinere -1
aufaddiert. Ebenso wird das zweite Element mit den Elementen 3 bis N
verglichen usw. Die auf diese Weise erhaltene Summe wird durch die
maximal mögliche Summe dividiert (diese entspricht $0.5 * N * (N-1)$).
Damit erhält man den Korrelationskoeffizienten tau.

Dies soll an folgendem Beispiel demonstriert werden:

Person	Variable X Rangplatz	Variable Y Rangplatz
1	2	7
2	4	6
3	8	3
4	5	4
5	6	5
6	3	1
7	7	9
8	9	8
9	1	2

Umgruppiert in der Rangfolge für X

Person	Variable X Rangplatz	Variable Y Rangplatz	Auszählen der Vergleiche: + Relationen	- Relationen
9	1	2	+ 7	- 1
1	2	7	+ 2	- 5
6	3	1	+ 6	- 0
2	4	6	+ 2	- 3
4	5	4	+ 3	- 1
5	6	5	+ 2	- 1
7	7	9	+ 0	- 2
3	8	3	+ 1	- 0
8	9	8	-	-
			$+\sum = 23$	$-\sum = 13$

daraus ergibt sich $\sum + 10$

$$\text{tau} = \frac{10}{0.5 * 9 * 8} = \frac{10}{36} = .28$$

Treten Verbundwerte auf, so ist auch für die Berechnung von Kendall's tau eine Korrekturformel zu verwenden. Diese wird in SPSS standardmäßig verwandt.

tau hat den Erwartungswert 0.0 und die Standardabweichung

$$\text{sigma}_{\text{tau}} = \sqrt{\frac{2 * (2N + 5)}{9N * (N - 1)}}$$

Damit ergibt sich eine annähernd standardnormal verteilte Prüfgröße nach der Formel:

$$Z = \frac{\text{tau}}{\text{sigma}_{\text{tau}}}$$

Mit Hilfe dieser Prüfgröße können die ermittelten tau-Korrelationskoeffizienten auf Signifikanz geprüft werden. Die Effizienz von Kendall's tau entspricht in etwa der von Spearman's rho. Das heißt, beide Verfahren liefern annähernd gleiche Ergebnisse bezüglich des Signifikanzniveaus. Allerdings hat der Koeffizient rho in der Regel einen etwas höheren absoluten Wert als tau.

8.1.2.3 Rangkorrelationen in SPSS

Spearman's rho und Kendall's tau sind nur in SPSS-X verfügbar und werden über die Prozedur NONPAR CORR angefordert. Dabei wird standardmäßig Spearman's rho ausgegeben. Über OPTIONS 5 kann die Berechnung von Kendall's tau angefordert werden Die Angabe von OPTIONS 6 bewirkt die Ausgabe von Kendall's tau und Spearman's rho. Dabei werden zuerst die tau-Koeffizienten und anschließend die rho-Koeffizienten ausgegeben.

Es ist zu beachten, daß NONPAR CORR eine der wenigen Prozeduren in SPSS ist, bei denen der Kernspeicherbedarf nicht nur von der Variablenzahl sondern auch von der Fallzahl abhängig ist. Dies ist zu berücksichtigen, wenn sehr große Fallzahlen verarbeitet werden.

SPSS INC LICENSE NUMBER: 18256

                    NEW FEATURES IN SPSS-X RELEASE 2
            FOR MORE DETAILS, USE THE COMMAND: INFO OVERVIEW FACILITIES.
          PLOT - SCATTER PLOTS, OVERLAY PLOTS, CONTOUR PLOTS ON THE PRINTER.
     HILOGLINEAR - FAST LOGLINEAR ANALYSIS FOR HIERARCHICAL MODELS.
        CLUSTER - HIERARCHICAL CLUSTER ANALYSIS.
  QUICK CLUSTER - FAST CLUSTER ANALYSIS FOR A FIXED NUMBER OF CLUSTERS.
  IMPORT/EXPORT - PORTABLE SYSTEM FILES FOR TRANSFER TO OTHER KINDS OF
COMPUTERS.
         PROBIT - DICHOTOMOUS PROBIT AND LOGISTIC REGRESSION ANALYSIS.
      SET WIDTH - WIDTH CONTROL FOR PRINTED OUTPUT.
          XSAVE - ALLOWS NEW FLEXIBILITY IN SAVING SYSTEM FILES.
  END SUBCOMMAND - WITH DATA LIST, YOU CAN DETECT END OF FILE.

     1 0   TITLE "KORRELATIONSANALYSE"
     2 0   SET   WIDTH=80
     3 SET   LENGTH = 59
     4 FILE HANDLE   TECHNIK
     5 GET FILE = TECHNIK

FILE CALLED TECHNIK :
  LABEL:
  CREATED 24 MAR 86 14.54.14   26 VARIABLES

     6 SELECT IF   (VAR1 = 4 OR VAR1 = 5)
     7 COMPUTE VIELFA = (SD03 + SD06 + SD09) / 3
     8 COMPUTE NATUER = (SD04 + SD07 + SD10) / 3
     9 COMPUTE ATTRAK = (SD05 + SD08 + SD11) / 3
    10 COMPUTE NATSCHUT = (NAT2 + NAT6 + NAT7 + NAT8) / 4
    11 SUBTITLE   "RANGKORRELATIONEN"
    12 TEMPORARY   --(1)
    13 SELECT IF (VAR1 = 4)   --(1)
    14 COMMENT BILD A-MIT
    15 NONPAR CORR VIELFA TO ATTRAK ,NATSCHUT   --(2)
    16 OPTIONS 3,6   --(3)

    75892 WORDS OF WORKSPACE AVAILABLE.
     5000 WORDS ARE USED TO SATISFY MAXIMUM WORKSPACE REQUESTS.

*** WORKSPACE ALLOWS FOR   714 CASES FOR NONPARAMETRIC CORRELATION PROBLEM ***

- - - - K E N D A L L   C O R R E L A T I O N   C O E F F I C I E N T S - - -

NATUER   .2246
             N(40)
             SIG .060

ATTRAK   .3087   .6285
             N(40)   N(40)
             SIG .009   SIG .000

                           -(4)-   -(5)-
NATSCHUT   -.1076   -.2122   -.2256
             N(40)   N(40)   N(40)
             SIG .371   SIG .080   SIG .060

             VIELFA   NATUER   ATTRAK

" . " IS PRINTED IF A COEFFICIENT CANNOT BE COMPUTED.

- - - S P E A R M A N   C O R R E L A T I O N   C O E F F I C I E N T S - - -

NATUER   .3012
             N(40)
             SIG .059

ATTRAK   .4024   .7569
             N(40)   N(40)
             SIG .010   SIG .000

                           -(6)-   -(7)-
NATSCHUT   -.1338   -.2698   -.2903
             N(40)   N(40)   N(40)
             SIG .411   SIG .092   SIG .069

             VIELFA   NATUER   ATTRAK

" . " IS PRINTED IF A COEFFICIENT CANNOT BE COMPUTED.

(1)   Durch Voranstellen des Schlüsselwortes TEPORARY wird das SELECT IF-
        Kommando zu einer temporären Selektionsanweisung für die unmittel-
        bar nachfolgende Prozedur. Sie bewirkt in unserem Falle, daß nur
        die Fälle beibehalten werden, in denen das Bild Am beurteilt wird.

(2)   Aufruf der nicht-parametrischen Korrelationsanalysen über die
        Prozedur NONPAR CORR. Ohne das Schlüsselwort WITH werden nur die
        nicht-redundanten Korrelationen als unteres Dreieck der Korrela-
        tionsmatrix ausgegeben. Bei Angabe des Schlüsselwortes WITH werden
        alle Korrelationen der Variablen vor dem Schlüsselwort mit den
        Variablen nach WITH als Vektor ausgegeben.

(3)   Über die OPTIONS-Anweisung sind zusätzliche Leistungen anforderbar.
        (Das Unterkommando STATISTICS ist für NONPAR CORR nicht verfügbar.)

        OPTIONS 3 bewirkt die Berechnung eines zweiseitigen Signifikanz-
        tests. Voreinstellung ist ein einseitiger Signifikanztest für
        gerichtete Hypothesen.

        OPTIONS 6 bewirkt, daß Kendall's tau und Spearman's rho berechnet
        werden. Kendall's tau-Koeffizienten werden zuerst ausgegeben.

(4)   Kendall's tau für die Variablen NATUER (erlebte Natürlichkeit) und
        NATSCHUT (Intensität des naturschutzbezogenen Interesses). Der
        Korrelationskoeffizient ist ebenfalls negativ (tau = -.2122), der
        Betrag ist aber höher als der Produkt-Moment-Korrelations-
        koeffizient (r = -.1861). Dies liegt daran, daß die Variable NATUER
        für das Bild Am eine stark schiefe Verteilung aufweist.
        Unter dem Korrelationskoeffizienten wird die Anzahl der Fälle
        ausgegeben, auf denen die Berechnung der Korrelation beruht.
        Schließlich wird das Signifikanzniveau ausgegeben (p = 0.054).
        Da wir mit OPTIONS 3 eine zweiseitige Signifikanzprüfung angefor-
        dert haben, andererseits aber eine gerichtete Hypothese formuliert
        hatten, ist eine Halbierung der Irrtumswahrscheinlichkeit möglich
        (p = 0.027). Damit kann die Hypothese über Kendall's tau bestätigt
        werden, die über die parametrische Korrelation falsifiziert worden

wäre. Da die Normalverteilungsannahme erheblich verletzt ist, ist die nicht-parametrische Korrelation das eigentlich angemessene Prüfverfahren.

(5)   Kendall's tau für die Variablen ATTRAK (erlebte Attraktivität) und NATSCHUT. Der Zusammenhang (tau = -.2256) ist schwächer als bei der parametrischen Korrelation (r = -.3676), aber signifikant (p = 0.041). Da auch für diese Korrelation eine gerichtete Hypothese (negativer Zusammenhang) formuliert worden war, ist eine Halbierung der Irrtumswahrscheinlichkeit möglich (p = 0.021).

(6)   Spearman's rho für die Variablen NATUER und NATSCHUT (rho = -.2903). Der Koeffizient ist betragsmäßig größer als Kendall's tau. Bei Halbierung der Irrtumswahrscheinlichkeit (wegen der gerichteten Hypothese) ergibt sich auch hier ein signifikanter Zusammenhang (p = 0.047). Der höhere Signifikanzwert (höhere Wahrscheinlichkeit des alpha-Fehlers) erklärt sich dadurch, daß Spearman's rho auf die vielen Verbundwerte empfindlicher reagiert als Kendall's tau.

(7)   Spearman's rho für die Variablen ATTRAK und NATSCHUT (rho = -.2.903). Auch dieser Koeffizient ist betragsmäßig größer als die entsprechende Korrelation über Kendall's tau. Da über OPTIONS 3 ein zweiseitiger Signifikanztest angefordert wurde (p = 0.070), ist auch hier eine Halbierung der ausgegebenen Irrtumswahrscheinlichkeit erforderlich (p = 0.035). Der Zusammenhang ist damit signifikant.

Ein zweiseitiger Signifikanztest ist für die Inspektion anderer Zusammenhänge erforderlich, für die keine gerichteten Hypothesen formuliert wurden.

8.2. Die Partialkorrelationsanalyse

Bisher wurden die bivariaten Zusammenhänge zwischen der Intensität des naturschutzbezogenen Interesses und der Beurteilung der Bilder Am und Ao bezüglich der Erlebnisdimension Natürlichkeit und Attraktivität untersucht. Im Rahmen der psychologischen Modellbildung kann es nun bedeutsam sein, ob die Intensität des naturschutzbezogenen Interesses einen direkten Einfluß auf das Attraktivitätsurteil hat, oder ob nur ein vermittelter Einfluß über andere Variablen (intervenierende Variablen) vorliegt. Es wäre beispielsweise denkbar, daß die Intensität des naturschutzbezogenen Interesses in erster Linie die erlebte Natürlichkeit einer Landschaft beeinflußt. Da aber das Natürlichkeitsurteil und das Attraktivitätsurteil relativ eng zusammenhängen, ergibt sich auch ein korrelativer Zusammenhang zwischen der Intensität des naturschutzbezogenen Interesses und dem Attraktivitätsurteil.

Die Partialkorrelation ist ein relativ einfaches statistisches Verfahren, das als Prüfungsverfahren derartiger Überlegungen herangezogen werden kann. Allgemein bekannt ist die Anwendung der Partialkorrelation bei Vorliegen des Produkt-Moment-Korrelationskoeffizienten.

Weniger geläufig dürfte hingegen die Anwendung der Partialkorrelationsanalyse bei Vorliegen von Kendall's tau sein (vgl. SIEGEL 1976, S. 212 ff.; LIENERT 1973, S. 658 ff.). Auch für Spearman's rho ist nach LIENERT (1973, S. 659) die Berechnung der Partialkorelationsanalyse zulässig.

Ebenso wie die nicht-parametrische Korrelation ist die Partialkorrelation in SPSS/PC+ (noch) nicht implementiert und nur über SPSS-X verfügbar.

In SPSS-X ist die Partialkorrelation für die Produkt-Moment-Korrelationskoeffizienten vorgesehen. Dieses Verfahren wird im folgenden (vgl. Abschnitt 8.2.2.) ausführlich besprochen. Unter Ausnutzung zusätzlicher Leistungen von SPSS-X lassen über einen kleinen Umweg auch Partialkorrelationen auf der Basis von Kendall's tau (oder Spearman's rho) berechnen. Dieses Vorgehen wird abschließend in diesem Kapitel (vgl. Abschnitt 8.2.3) demonstriert.

8.2.1 Das Prinzip der Partialkorrelationsanalyse

Hat man einen Korrelationskoeffizienten zwischen zwei Variablen (X und Y) erhalten, so kann dieser lineare Zusammenhang auf verschiedene Weise zustande gekommen sein. Im einfachsten Falle handelt es sich um eine einfache Kausalbeziehung:

$$X \longrightarrow Y$$

Dabei wird angenommen, daß X direkt Y beeinflußt. Es sind jedoch auch andere Modelle denkbar, die das Zustandekommen der Korrelation erklären. Man kann etwa annehmen, daß eine weitere Variable Z auf X und auf Y einen kausalen Einfluß ausübt. Es ergäbe sich folgendes Modell:

Damit ergäbe sich auch eine gemeinsame Korrelation zwischen X und Y. Weiterhin ist denkbar, daß der kausale Einfluß von X auf Y über eine vermittelnde Variable (intervenierende Variable) geht:

$$X \longrightarrow Z \longrightarrow Y$$

X beeinflußt zunächst Z und Z hat wiederum einen kausalen Einfluß auf Y.

Der Grundgedanke der Partialkorrelation ist in dem Multiplikationstheorem zu sehen, das auch als "Simon-Blalock-Regel" bezeichnet wird.

Hat eines der beiden folgenden Modelle Gültigkeit,

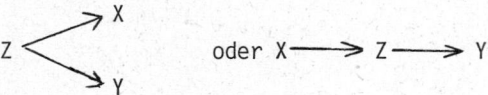

so errechnet die Korrelation r_{XY} aus $r_{XZ} * r_{ZY}$. Mit der Partial-korrelation wird geprüft, ob nach der statistischen Ausklammerung der

Variation einer Variablen (oder auch mehrerer Variablen) der korrelative
Zusammenhang zwischen zwei anderen Variablen erhalten bleibt.

Ist dies nicht der Fall, geht also die Korrelation r_{XY} gegen 0.0, wenn Z
konstant gehalten wird, so spricht man von einer Scheinkorrelation
zwischen X und Y. Dies bedeutet, daß die bivariate Korrelation zwischen X
und Y durch die Wirkung einer dritten Einflußgröße (oder weiterer) zustande kommt.

Bei der Interpretation der Partialkorrelationsanalyse ist zu beachten,
daß zwar eine Scheinkorrelation aufgedeckt werden kann, wenn der
Partialkorrelationskoeffizient gegen 0.0 geht. Entspricht der Partialkorrelationskoeffizient jedoch in etwa dem bivariaten Korrelationskoeffizienten (r verschieden von 0.0), so bedeutet dies noch nicht, daß
zwischen beiden Variablen ein kausaler Einfluß vorliegt. Diese Schluß-
folgerung wäre erst dann aufgrund empirischer Ergebnisse zulässig, wenn
die Partialkorrelationen für alle möglichen intervenierenden Variablen
berechnet wurden. Dies ist jedoch faktisch nicht realisierbar. Wir können
deshalb nur theoretisch postulierte (einfache) Kausalmodelle mittels der
Partialkorrelationsanalyse prüfen. Aufgrund der Überprüfung können diese
(vorläufig) beibehalten oder verworfen werden.

Weiterhin kann aufgrund der Ergebnisse einer Partialkorrelationsanalyse
nicht zwischen folgenden beiden Modellen entschieden werden:

$$X \longrightarrow Z \longrightarrow Y \qquad\qquad Z \begin{smallmatrix} \nearrow X \\ \searrow Y \end{smallmatrix}$$

Hierzu sind theoretische Annahmen oder Plausibilitätsüberlegungen
notwendig.

Die Partialkorrelation berechnet sich nach der Formel:

$$r_{XY \cdot Z} = \frac{r_{XY} - r_{XZ} * r_{YZ}}{\sqrt{1 - r_{XZ}^2} * \sqrt{1 - r_{YZ}^2}}$$

Der Partialkorrelationskoeffizient $r_{XY.Z}$ ist zu interpretieren als die Stärke des linearen Zusammenhanges zwischen X und Y unter statistischer Konstanthaltung der Variation von Z.

Bislang wurde davon ausgegangen, daß der Betrag von $r_{XY.Z}$ kleiner ist als $r_{XY.Z}$. Die tatsächliche Relation hängt jedoch von der Konstellation der drei bivariaten Korrelationskoeffizienten ab. Für den Fall, daß entweder r_{XZ} oder r_{YZ} = 0.0 ist, wird $r_{XY.Z}$ größer als r_{XY}. r_{XZ} * r_{YZ} ist in diesem Falle gleich 0.0; d.h. von r_{XY} wird 0.0 abgezogen. Der Divisor ist jedoch kleiner als 1.0, damit ist der Quotient größer als der Dividend.

Für r_{XZ} und r_{YZ} = 0.0 ist $r_{XY.Z}$ = r_{XY}.

Ansonsten gilt:

$r_{XY.Z}$ kleiner als r_{XY} für +

oder −

$r_{XY.Z}$ größer als r_{XY} für −

oder −

Durch die Partialkorrelation können also nicht nur betragsmäßig hohe bivariate Korrelationen vermindert werden, sondern eventuell auch niedrige (eventuell nicht-signifikante), bivariate Korrelationen betragsmäßig größer und auch statistisch signifikant werden.

8.2.2 Partialkorrelationsanalyse für Produkt-Moment-Korrelationen

Voraussetzungen für die Partialkorrelation sind:

1) Intervallskalenniveau aller Variablen (analog der Berechnung der Produkt-Moment-Korrelation)

2) Die Stichprobe entstammt einer bezüglich der Variablen normalverteilten
Grundgesamtheit (analog der Produkt-Moment-Korrelation).

3) Die Wirkung der Variablen ist additiv (keine Interaktionseffekte).

Die Verletzungen der Voraussetzungen 1 und 2 haben dieselben Wirkungen
wie bei der Produkt-Moment-Korrelation.

Eine Verletzung der Annahme 3 läßt keine verallgemeinerungsfähigen Aussagen zu. Diese Annahme ist allerdings relativ schwer prüfbar, oft können nur Plausibilitätsannahmen angestellt werden.

Auch für Partialkorrelationskoefizienten läßt sich das Signifikanzniveau
berechnen, nach der Formel:

$$t = r_{XY.Z} * \sqrt{\frac{N - 2}{1 - r_{XY.Z}^2}}$$

mit N - 2 Freiheitsgraden.

Der Aufruf der Partialkorrelation erfolgt in SPSS-X über die Prozedur
PARTIAL CORR. In SPSS/PC ist die Partialkorrelation nicht implementiert.
Da jedoch eine enge statistische Verbindung zwischen Partialkorrelationsanalyse und Regressionsanalyse besteht, könnte auch über die Regressionsanalyse die Frage der Scheinkorrelation geprüft werden.

```
 6 SELECT IF    (VAR1 = 4 OR VAR1 = 5)              --(1)
 7 COMPUTE VIELFA = (SD03 + SD06 + SD09) / 3
 8 COMPUTE NATUER = (SD04 + SD07 + SD10) / 3
 9 COMPUTE ATTRAK = (SD05 + SD08 + SD11) / 3
10 COMPUTE NATSCHUT = (NAT2 + NAT6 + NAT7 + NAT8) / 4
11 SUBTITLE  "PARTIAL-KORRELATIONSANALYSE"
12 PARTIAL CORR  VIELFA,ATTRAK WITH NATSCHUT  BY NATUER(1)   --(2)
13 OPTIONS  3                                      --(3)
14 STATISTICS 1                                    --(3)
```

- - - - P A R T I A L   C O R R E L A T I O N   C O E F F I C I E N T S - - -

ZERO ORDER PARTIALS   --(4)

		--(5)--	
	VIELFA	ATTRAK	NATSCHUT	NATUER
VIELFA	1.0000	.5333	-.0603	.3248
	(0)	(78)	(78)	(78)--(6)
	P= .	P= .000	P= .595	P= .003
			--(7)--	
ATTRAK	.5333	1.0000	-.3408	.8303
	(78)	(0)	(78)	(78)
	P= .000	P= .	P= .002	P= .000
NATSCHUT	-.0603	-.3408	1.0000	-.3472
	(78)	(78)	(0)	(78)
	P= .595	P= .002	P= .	P= .002
NATUER	.3248	.8303	-.3472	1.0000
	(78)	(78)	(78)	(0)
	P= .003	P= .000	P= .002	P= .

(COEFFICIENT / (D.F.) / SIGNIFICANCE)

" . " IS PRINTED IF A COEFFICIENT CANNOT BE COMPUTED.

182

- - - - P A R T I A L   C O R R E L A T I O N   C O E F F I C I E N T S - - -

CONTROLLING FOR..   NATUER

                NATSCHUT

VIELFA   .0592   --(8)
               (77)
                P= .604   --(8)

ATTRAK   -.1005   --(9)
               (77)
                P= .378   --(9)

    (COEFFICIENT / (D.F.) / SIGNIFICANCE)

    " . " IS PRINTED IF A COEFFICIENT CANNOT BE COMPUTED.

(1)   Das SELECT IF-Kommando bewirkt, daß nur die Urteile über die Bilder
      Ao und Am in die Korrelationsanalyse aufgenommen werden.

(2)   Aufruf der Partialkorrelationsanalyse über das Kommando
      PARTIAL CORR. Nach dem Schlüsselwort BY werden die Variablen
      aufgeführt, deren Variation statistisch konstant gehalten wird.
      Danach folgt in Klammern der Ordnungswert, der sich zwischen 1 und
      5 bewegen kann. Der Ordnungswert gibt an, wieviele Variablen simul-
      tan konstant gehalten werden. In unserem Beispiel wird nur eine
      Variable konstant gehalten, es werden demnach Partialkorrelationen
      erster Ordnung berechnet.

      Wird folgende Spezifikation angegeben: BY VAR1, VAR2 (2), so werden
      Partialkorrelationen zweiter Ordnung berechnet. Das heißt, es
      werden Partialkorrelationen unter gleichzeitiger Konstanthaltung
      der Variablen VAR1 und VAR2 berechnet.
      Die Spezifikation BY VAR1, VAR2 (1, 2) bewirkt, daß zunächst
      Partialkorrelationen erster Ordnung berechnet werden (zuerst unter
      Konstanthaltung von VAR1, dann von VAR2), anschließend werden
      Partialkorrelationen zweiter Ordnung unter simultaner Konstant-
      haltung von VAR1 und VAR2 berechnet.

(3)   Über OPTIONS und STATISTICS-Anweisungen können zusätzliche
      Leistungen angefordert werden.

      OPTIONS 3 bewirkt die Ausgabe eines zweiseitigen Signifikanz-
      tests. Voreinstellung ist die Berechnung des einseitigen Signifi-
      kanztests.

      STATISTICS 1 bewirkt die Ausgabe der zugrundeliegenden bivariaten
      Korrelationen.

(4)   Ausgabe der bivariaten Korrelationsmatrix (STATISTICS 1). Diese
      wird hier als Partialkorrelation nullter Ordnung bezeichnet. (Das
      bedeutet, daß keine Variable konstant gehalten wird.)

(5)   Die bivariate Korrelation zwischen der erlebten Vielfältigkeit
       (VIELFA) und der Intensität des naturschutzbezogenen Interesses
       (NATSCHUT) ist für die Beurteilung der Bilder Ao und Am schwach,
       jedoch nicht signifikant negativ (r = -.06; p = .595) . Da hier
       keine gerichtete Hypothese vorliegt, ist ein zweiseitiger Signifi-
       kanztest angebracht.

(6)   Es ist zu beachten, daß bei der Partialkorrelationsanalyse in
       Klammern nicht die Fallzahl, sondern die Freiheitsgrade ausgegeben
       werden, auf denen die Korrelationen basieren.

(7)   Die bivariate Korrelation zwischen dem Attraktivitätsurteil
       (ATTRAK) und der Intensität des naturschutzbezogenen Interesses
       (NATSCHUT) ist mittelstark negativ (r = -.34). Da eine gerichtete
       Hypothese vorliegt, kann die Irrtumswahrscheinlichkeit halbiert
       werden (p = .001).

(8)   Ausgabe der Ergebnisse der Partialkorrelation zwischen VIELFA und
       NATSCHUT unter Konstanthaltung der erlebten Natürlichkeit (NATUER).
       Es ist zu beachten, daß in der Partialkorrelation ein schwacher
       positiver Zusammenhang ($r_{XY.Z}$ = .059) besteht, während der bi-
       variate Zusammenhang negativ ist. Eine Interpretation der Ergeb-
       nisse muß jedoch berücksichtigen, daß weder der bivariate noch der
       Partial-Korrelationskoeffizient signifikant von 0.0 verschieden ist.

(9)   Ausgabe der Partialkorrelation zwischen ATTRAK und NATSCHUT unter
       Konstanthaltung von NATUER. Der Koeffizient verringert sich von
       r = -.34 für den bivariaten Zusammenhang auf r = -.10 für die
       Partialkorrelation. Auch bei Halbierung der Irrtumswahrscheinlich-
       keit (gerichtete Hypothese) ist der Zusammenhang nicht mehr
       signifikant (p = .189). Wir können also davon ausgehen, daß eine
       Scheinkorrelation zwischen ATTRAK und NATSCHUT vorliegt.

Es liegt zwar nahe, das Vorliegen einer Scheinkorrelation über die
Signifikanz der Partialkorrelationskoeffizienten zu prüfen. Dabei ist
jedoch zu beachten, daß bei kleinen Fallzahlen (N kleiner als 30) auch
Korrelationen mit einem absoluten Betrag von r größer als .30 nicht
signifikant sind. Bei großen Stichproben (N größer als 500) sind jedoch

auch Korrelationskoeffizienten, die betragsmäßig unter .09 liegen, bei
zweiseitiger Testung auf dem 5%-Niveaus signifikant. Es ist deshalb bei
sehr kleinen und bei großen Stichproben zu überlegen, ob die Prüfung
einer Scheinkorrelation über das Signifikanzniveau oder über den
absoluten Betrag des Partialkorrelationskoeffizienten erfolgen soll. Als
Faustregel kann man annehmen, daß eine Verringerung des absoluten Betra-
ges des Partialkorrelationskoeffizienten auf kleiner/gleich .10 auf eine
Scheinkorrelation hindeutet.

8.2.3 Partielle Rangkorrelationsanalysen

Auch für die Berechnung partieller Rangkorrelationskoeffizienten gilt die
bereits bekannte Formel, in der allerdings r durch tau ersetzt wird:

$$\text{tau }_{XY.Z} = \frac{\text{tau}_{XY} - \text{tau}_{XZ} * \text{tau}_{YZ}}{\sqrt{(1-\text{tau}_{XZ})^2} * \sqrt{(1-\text{tau}_{YZ})^2}}$$

Bei der Partialkorrelation für tau ist allerdings nichts über die Verteilung der Prüfgröße bekannt, d.h. ein Signifikanztest ist nicht durch-
führbar. (Eine diesbezügliche Anmerkung des Übersetzers in SIEGEL 1976,
S. 217 ist irreführend.) Die Durchführung einer Partialkorrelation für
Rangkorrelation ist zwar in SPSS nicht unmittelbar vorgesehen, sie läßt
sich aber über einen Zwischenschritt durchführen.

Dies soll im Folgenden demonstriert werden:
Zunächst werden über die Prozedur NONPAR CORR die tau-Korrelationen
berechnet, diese werden als Matrix auf eine Datei ausgegeben. Diese Datei
wird zwischengespeichert. Die Prozedur PARTIAL CORR erlaubt die
Berechnung der Partialkorrelationen auch bei Eingabe einer Korrelationsmatrix. Wir können daher die Kendall's tau-Matrix einlesen und damit die
Partialkorrelationen berechnen. Dieses Vorgehen zeigen die beiden
folgenden SPSS-Läufe.

```
 1  0         TITLE   "PARTIAL-KORRELATION MIT KENDALL S TAU"
 2  0         SET      WIDTH=80
 3 SET        LENGTH = 59
 4 FILE HANDLE  TECHNIK
 5 FILE HANDLE MATOUT                                    --(1)
 6 PROCEDURE OUTPUT OUTFILE=MATOUT                        --(1)
 7 GET FILE = TECHNIK
```

```
FILE CALLED TECHNIK :
LABEL:
CREATED 24 MAR 86 14.54.14       26 VARIABLES
```

```
 8 SELECT IF    (VAR1 = 4 OR VAR1 = 5)                   --(2)
 9 COMPUTE VIELFA = (SD03 + SD06 + SD09) / 3
10 COMPUTE NATUER = (SD04 + SD07 + SD10) / 3
11 COMPUTE ATTRAK = (SD05 + SD08 + SD11) / 3
12 COMPUTE NATSCHUT = (NAT2 + NAT6 + NAT7 + NAT8) / 4
13 SUBTITLE   "TEIL 1: AUSGABE DER RANGKORRELATIONEN"
14 NONPAR CORR  VIELFA TO ATTRAK ,NATSCHUT               --(3)
15 OPTIONS  3,4,5                                        --(3)
```

```
   76639 WORDS OF WORKSPACE AVAILABLE.
    5000 WORDS ARE USED TO SATISFY MAXIMUM WORKSPACE REQUESTS.
```

```
***** WORKSPACE ALLOWS FOR     714 CASES FOR NONPARAMETRIC CORRELATION
PROBLEM *****
```

----
24 MAR 86 PARTIAL-KORRELATION MIT KENDALL S TAU   PAGE   2
          TEIL 1: AUSGABE DER RANGKORRELATIONEN

- - - - K E N D A L L   C O R R E L A T I O N   C O E F F I C I E N T S - - -


```
NATUER         .2141                                  --(4)
          N(   80)
          SIG .008


ATTRAK         .3990      .6799
          N(   80)   N(   80)
          SIG .000   SIG .000


NATSCHUT      -.0234     -.2684     -.2331             --(4)
          N(   80)   N(   80)   N(   80)
          SIG .777   SIG .001   SIG .005


               VIELFA     NATUER     ATTRAK
```

" . " IS PRINTED IF A COEFFICIENT CANNOT BE COMPUTED.

```
 1  0         COMMENT EINLESEN DER KORRELATIONSMATRIX
 2  0          TITLE  "PARTIAL-KORRELATION MIT KENDALLS TAU"
 3  0           SET      WIDTH=80
 4 SET      LENGTH = 59
 5 FILE HANDLE  MATOUT                              --(5)
 6 INPUT PROGRAM                                    --(6)
 7 NUMERIC VIELFA,NATUER,ATTRAK,NATSCHUT            --(7)
 8 INPUT MATRIX FILE=MATOUT  /FREE                  --(8)
 9 END INPUT PROGRAM                                --(6)
10 SUBTITLE  "TEIL 2 PARTIAL-KORRELATIONSANALYSE"
11 PARTIAL CORR  VIELFA,ATTRAK,NATSCHUT  BY NATUER(1)       --(9)
12 OPTIONS  4,6,7                                   --(10)
13 STATISTICS 1                                     --(10)


    24 WORDS OF MEMORY REQUIRED FOR PARTIAL CORR PROCEDURE.

   79652 WORDS OF WORKSPACE AVAILABLE.
   5000 WORDS ARE USED TO SATISFY MAXIMUM WORKSPACE REQUESTS.
```

```
24 MAR 86 PARTIAL-KORRELATION MIT KENDALLS TAU                   PAGE   2
          TEIL 2 PARTIAL-KORRELATIONSANALYSE
```

- - - - P A R T I A L   C O R R E L A T I O N   C O E F F I C I E N T S - - -

ZERO ORDER PARTIALS

	VIELFA	ATTRAK	NATSCHUT	NATUER	
VIELFA	1.0000	.3990**	-.0234	.2141	--(11)
ATTRAK	.3990**	1.0000	-.2331	.6799**	
NATSCHUT	-.0234	-.2331	1.0000	-.2684*	
NATUER	.2141	.6799**	-.2684*	1.0000	--(11)

* - SIGNIF. LE .01   ** - SIGNIF. LE .001

" . " IS PRINTED IF A COEFFICIENT CANNOT BE COMPUTED.

- - - - P A R T I A L   C O R R E L A T I O N   C O E F F I C I E N T S - - -

CONTROLLING FOR..   NATUER

              VIELFA   ATTRAK   NATSCHUT

VIELFA   1.0000   .3538**   .0362   --(12)
ATTRAK   .3538**   1.0000   -.0717
NATSCHUT   .0362   -.0717   1.0000   --(12)

 * - SIGNIF. LE .01   ** - SIGNIF. LE .001

 " . " IS PRINTED IF A COEFFICIENT CANNOT BE COMPUTED.

(1)   Über das Kommando FILE HANDLE wird eine weitere Datei (MATOUT) als
      Ein- bzw. Ausgabedatei definiert. Das Kommando PROCEDURE OUTPUT
      bestimmt, daß der Ausgabefile MATOUT (aufgrund der Spezifikation
      OUTFILE= MATOUT) Ergebnisse des SPSS-X Laufes enthält.

(2)   Anweisung zur Datenselektion. Beibehalten werden die Beurteilungen
      der Bilder Ao und Am.

(3)   Aufruf der Prozedur NONPAR CORR.
      OPTIONS 3 bewirkt die Ausgabe eines zweiseitigen Signifikanztests.
      OPTIONS 4 bewirkt die Ausgabe der Korrelationsmatrix in eine Datei,
      die anschließend zwischengespeichert wird. Hierfür ist es
      notwendig, daß eine Zieldatei durch die Kommandos FILE HANDLE und
      PROCEDURE OUTPUT definiert und zugewiesen wurden.
      OPTIONS 5 bewirkt, daß nur Kendall's tau berechnet wird.

(4)   Ausgabe von Kendall's tau-Korrelationskoeffizienten mit zugehöriger
      Fallzahl und (zweiseitigem) Signifikanzniveau.

(5)   In einem neuen SPSS-Lauf ist die Datei MATOUT, die nun zur Eingabe
      der Korrelationsmatrix dient, wiederum in einem FILE HANDLE-
      Kommando zu definieren.

(6)   Durch das Kommando INPUT PROGRAMM wird der einzulesende File (bei
      Matrix- oder Vektoreneingabe) beschrieben.

(7)   Die Spezifikation NUMERIC informiert SPSS, daß es sich bei den
      folgenden Variablen VIELFA, NATUER, ATTRAK und NATSCHUT um
      numerische Variablen handelt.

(8)   Das Kommando INPUT MATRIX ordnet den durch das FILE HANDLE-
      Kommando definierten File MATOUT Matrix-Eingabefile zu.Die
      Spezifikation FREE informiert, daß die Eingabe formatfrei erfolgt,
      d.h. Blanks werden als Trennzeichen interpretiert.

(9)   Aufruf der Partialkorrelationsanalyse analog unserem Beispiel für
      die Produkt-Moment-Korrelation

(10)   Anforderungen zusätzlicher Leistungen über das OPTIONS-Unterkommando:

OPTIONS 4 informiert SPSS-X, daß die Dateneingabe über eine Korrelationsmatrix erfolgt

OPTIONS 6 bewirkt, daß die Reihenfolge der Variablen in der Matrix durch die NUMERIC-Anweisung im INPUT PROGRAM-Kommando festgelegt wird. Wird diese OPTION nicht angefordert, so müßte die Reihenfolge der Variablen in der Matrix der Reihenfolge im PARTIAL CORR-Kommando entsprechen.

OPTIONS 7 bewirkt, daß die Ausgabe der Anzahl der Freiheitsgrade und die Berechnung des Signifikanzniveaus unterbleibt. Die Angabe ist zweckmäßig, da für die partiellen Rangkorrelationen kein Signifikanzniveau berechnet werden sollte. SPSS-X kennzeichnet in diesem Falle allerdings signifikante Korrelationen (p kleiner .01) durch * und hochsignifikante Korrelationen (p kleiner 0.001) durch **. Diese Signifikanzwerte dürfen in unserem Falle nicht interpretiert werden, da das Signifikanzniveau für die Produkt-Moment-Korrelation berechnet wird.

STATISTICS 1 bewirkt, wie bereits beschrieben, die Ausgabe der bivariaten Korrelationsmatrix (ZERO ORDER PARTIALS). Diese sollte bei dem hier beschriebenen Vorgehen immer angefordert werden, um zu prüfen, ob die Eingabedatei mit der Korrelationsmatrix von SPSS-X korrekt interpretiert wird.

(11)   Ausgabe der bivariaten Korrelationsmatrix; diese sollte mit der Ergebnisliste von (3) verglichen werden, um eventuelle Fehler zu vermeiden. Als Ergebnisse wollen wir festhalten, die bivariate Rangkorrelation zwischen VIELFA und NATSCHUT beträgt tau = -.0234; zwischen ATTRAK und NATSCHUT tau = -.2331.

(12)   Ausgabe der Partialkorrelationen unter Konstanthaltung der Variable NATUER. Für den Zusammenhang zwischen VIELFA und NATSCHUT ändert sich das Vorzeichen gegenüber dem bivariaten Zusammenhang

(tau_{XY} = -.023; $tau_{XY.Z}$ = .036). Allerdings sind beide
Koeffizienten betragsmäßig kaum von 0.0 verschieden.

Der Zusammenhang zwischen ATTRAK und NATSCHUT fällt von tau = -.23
für den bivariaten Zusammenhang auf tau = -.07. Da für die Partialkorrelation nach Kendall's tau keine Signifikanzprüfung durchgeführt werden kann, empfiehlt es sich hier, Zusammenhänge, deren
Betrag kleiner ist als .10 wird, als Scheinkorrelationen zu
betrachten. Demzufolge ist der Zusammenhang zwischen ATTRAK und
NATSCHUT eine Scheinkorrelation.

9. Verfahren der Skalenanalyse und Datenreduktion

Im Rahmen der von uns durchgeführten Untersuchungen wurde jedes der drei
Bilder auf elf Polaritäten eines Semantischen Differentials beurteilt.
Wollte man nun versuchen, die Analysen auf der Ebene einzelner Polaritäten durchzuführen, so ergäbe sich eine nahezu unüberschaubare und kaum
strukturierbare Datenmenge. Andererseits kann man bei Betrachtung der
Polaritäten des Semantischen Differentials feststellen,daß einige Polaritäten jeweils gleichartige Aspekte erfassen (z.B. "vielfältig - eintönig"
und "abwechslungsreich - monoton").
Es liegt nun nahe, die Variablen zusammenzufassen, die den gleichen
Sachverhalt messen. Dadurch kann die Anzahl der Variablen, die bei der
statistischen Analyse berücksichtigt werden müssen, beträchtlich vermindert werden. Weiterhin kann die Verläßlichkeit der Meßwerte durch die
Zusammenfassung mehrerer Variablen erhöht werden, da die Chance besteht,
daß sich mehrere zufällige Fehler (z.B. Unsicherheit über die anzukreu-
zende Skalenausprägung) gegenseitig ausgleichen.

Im allgemeinen liegen den Verfahren zur Skalenanalyse folgende Modell-
vorstellungen zugrunde:

Die Ausprägung einer theoretischen Variablen, die selbst operational
nicht unmittelbar faßbar ist, beeinflußt die Ausprägung eines oder
mehrerer Indikatoren, die auf der operationalen Ebene unmittelbar
gemessen werden können.

Werden mehrere Indikatoren von derselben theoretischen Variablen beeinflußt, so müssen sich korrelative Zusammenhänge zwischen den Indikatoren
zeigen. Diese Zusammenhänge sind umso stärker, je stärker der Einfluß der
theoretischen Variable und je schwächer der Einfluß eventueller Störvariablen auf die Ausprägung der Indikatoren ist.

Grafisch können wir uns die zugrundeliegende Modellvorstellung wie folgt
veranschaulichen:

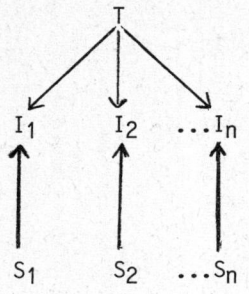

theoretische Variable
(nicht operational faßbar)

Indikatoren
(operational faßbar)

Störvariablen
(nicht operational faßbar)

Es geht nun in der Skalenanalyse darum, solche Indikatoren zu finden,
deren Variation möglichst stark durch die theoretische Variable und
möglichst wenig durch Störvariablen beeinflußt wird. Faßt man derartige
Indikatoren zusammen, so erhält man in der Regel eine bessere Schätzung
der theoretischen Variablen als bei Verwendung eines einzigen Indikators.

Als Verfahren, die hier besprochen werden, eignen sich die Faktorenanalyse und die Item-Gesamtwertkorrelation. In Anschluß an die Besprechung dieser beiden Verfahren werden Möglichkeiten zur Schätzung der
theoretischen Variablen besprochen, die auf diesen Verfahren basieren.

9.1 Die Faktorenanalyse

Die Faktorenanalyse ist ein statistisches Verfahren, das auf der Korrelationsanalyse (bzw. deren Ergebnis der Korrelationsmatrix) aufbaut. Ziel
dieses Verfahrens ist es, Gruppen von Variablen zu identifizieren, die
jeweils untereinander relativ stark, jedoch schwach mit den Variablen
anderer Gruppen zusammenhängen.

Diese Cluster werden durch Faktoren dargestellt, die gemäß unserer bisherigen Überlegungen als Schätzungen theoretischer Variablen aufgefaßt
werden können. Da jeweils mehrere (operationale) Variablen einem Faktor
zugeordnet werden, ergibt sich durch die Faktorenanalyse eine Datenreduktion.

9.1.1 Darstellung des mathematisch-statistischen Vorgehens

Die Faktorenanalyse ist ein relativ komplexes Analyseverfahren, das aus mehreren aufeinander aufbauenden Schritten besteht. Zum Teil existieren für diese Schritte keine eindeutigen Lösungen. Wir werden das Vorgehen schrittweise darstellen, dabei die jeweiligen Probleme und die in SPSS gebotenen Lösungsmöglichkeiten diskutieren.

Der erste Schritt besteht in der Berechnung der Korrelationsmatrix. Dies ist aus statistischer Sicht unproblematisch. Schwierigkeiten können jedoch auftreten, wenn extrem schiefverteilte Variablen in die Analyse aufgenommen werden. Solche Variablen korrelieren dann vielfach untereinander hoch, obwohl sie inhaltlich nicht zusammenhängen. Daraus können sich bei der Faktorenextraktion inhaltlich inkonsistente Faktoren (sog. Schwierigkeitsfaktoren) ergeben, die inhaltlich nicht interpretierbar sind. Die sicherste Möglichkeit zur Vermeidung solcher Schwierigkeitsfaktoren besteht darin, extrem schiefverteilte oder extrem steilgipfelige Variablen bei der Berechnung der Korrelationsmatrix auszuschließen.

Der zweite Schritt besteht in der Ermittlung der reduzierten Korrelationsmatrix. Hierbei werden die Diagonalelemente der Korrelationsmatrix (die Korrelation jeder Variablen mit sich selbst = 1.0) durch die Kommunalitäten ersetzt. Die Kommunalitäten stellen die Summe der quadrierten Ladungen einer Variable auf den Faktoren dar. Das Kommunalitätenproblem besteht nun darin, daß die Kommunalitäten einerseits zur Faktorenextraktion als bekannt vorausgesetzt werden müssen, andererseits können die Kommunalitäten aber erst nach der Faktorenextraktion exakt bestimmt werden.

Als dritter Schritt erfolgt die Faktorenextraktion. Hierbei taucht insbesondere die Frage auf, wieviele Faktoren zu extrahieren bzw. zu interpretieren sind. Daraus ergibt sich die Matrix der Faktorenladungen (als a_{ij} bezeichnet), da jede Variable auf jedem Faktor mit einem bestimmten Betrag lädt. Die Faktorladungen a_{ij} können sich im Bereich zwischen -1.0 und +1.0 bewegen und kennzeichnen analog zum Korrelationskoeffizienten die Stärke des linearen Zusammenhanges zwischen Variable und Faktor.

Ziel der Faktorenanalyse ist es, in der Regel eine Ladungsmatrix mit Einfachstruktur zu erreichen. Das bedeutet, jede Variable sollte auf einen Faktor möglichst hoch, auf den anderen annähernd 0.0 laden. Da dies mit der Faktorenextraktion selten erreicht wird, folgt als vierter Schritt in der Regel eine Rotation der Faktoren, um Einfachstruktur zu erreichen. Hier taucht das Rotationsproblem auf. Dabei stellt sich die - nicht eindeutig klärbare - Frage, nach welchen Kriterien die Rotation erfolgen soll.

Schließlich kann man als fünften Schritt für jede Person noch die Faktorenwerte berechnen. Diese stellen Schätzungen für die Ausprägungen der durch die Faktoren repräsentierten theoretischen Variablen dar. Mit den Faktorwerten können weitere Berechnungen angestellt werden.

Bevor wir auf die geometrische Veranschaulichung der Faktorenanalyse eingehen, soll kurz das Fundamentaltheorem der Faktorenanalyse verdeutlicht werden:
Hat man ebenso viele Faktoren extrahiert wie Variablen vorhanden sind, so läßt sich die Korrelationsmatrix mit 1.0 für alle Diagonalelemente vollständig reproduzieren. Man wird in diesem Falle feststellen, daß man einige Faktoren hat, auf denen zwei oder mehr Variablen relativ hoch laden. Wir sprechen in diesem Fall von gemeinsamen Faktoren. Auf anderen Faktoren hingegen lädt jeweils nur eine Variable relativ hoch. Bei diesen Faktoren handelt es sich um Einzelrestfaktoren.

Die Einzelrestfaktoren werden bei der Faktorenanalyse zur Fehlervarianz gerechnet, d.h. sie bleiben bei der Faktorenextraktion unberücksichtigt.

Multipliziert man die Matrix der Faktorenladungen der gemeinsamen Faktoren mit ihrer Transponierten (der um 90° gedrehten Matrix), so muß sich annähernd die reduzierte Korrelationsmatrix - mit den Kommunalitäten in der Diagonale - ergeben.

9.1.2 Die geometrische Veranschaulichung der Faktorenanalyse

Für die Veranschaulichung der Zusammenhänge zwischen zwei Variablen wählt man meist die Variablen als Koordinaten. Die Meßwerte der Versuchspersonen können dann als Punkte in diesen zweidimensionalen Variablenraum eingezeichnet werden.

Es gibt jedoch auch noch eine andere Darstellungsmöglichkeit. In diesem
Falle bilden die Versuchspersonen die Koordinaten des n-dimensionalen
Raumes (die Anzahl der Dimensionen ist gleich der Anzahl der Personen).
In diesem Testraum gilt, die Korrelation zwischen zwei z-standardisierten
Variablen ist gleich dem Cosinus des Winkels zwischen den beiden
Vektoren, die die Variablen repräsentieren.

Zur graphischen Veranschaulichung wollen wir hier von einem zweidimensionalen Testraum ausgehen, in dem die Variablen x_1 bis x_6 dargestellt
werden (vgl. Abb. 10):

Abb. 10: Exemplarische Darstellung von sechs Variablen im Raum von zwei
gemeinsamen Faktoren

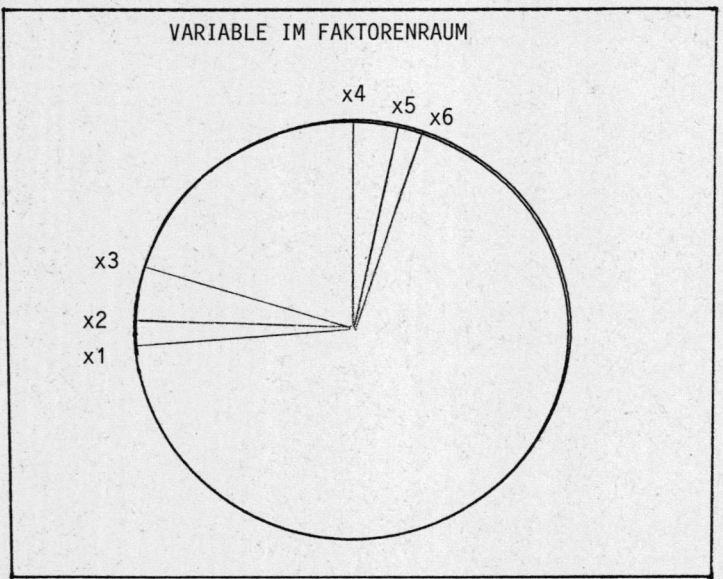

VARIABLE IM FAKTORENRAUM

Wir erkennen hier, daß die Variablen x_1 bis x_3 untereinander relativ hohe
Korrelationen aufweisen, sozusagen einen Faktor konstituieren. Das
gleiche gilt auch für die Variablen x_4 bis x_6.

Der erste extrahierte Faktor liegt zwischen den beiden Variablen-
Clustern, also zwischen den Variablen x_3 und x_4. Der zweite Faktor
steht im 90°-Winkel dazu (vgl. Abb. 11):

Abb. 11: Exemplarische Darstellung der Lage der extrahierten
Faktoren bei sechs vorgegebenen Variablen

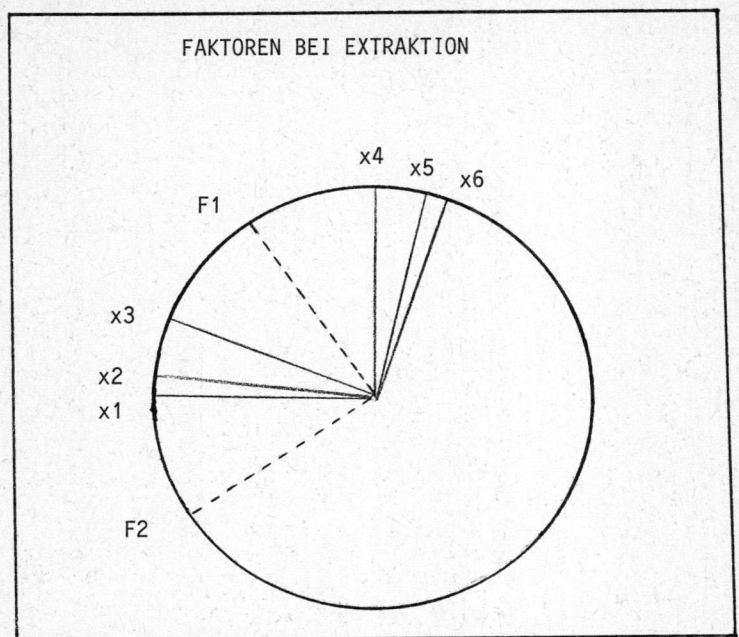

Die Lage des ersten Faktors zwischen den Variablen-Clustern ist dadurch
zu erklären, daß dieser die meiste Varianz erklärt. Die Lage des zweiten
Faktors ist im Falle der zweidimensionalen Darstellung festgelegt, da die
Faktoren wechselseitig unabhängig sein müssen (Der Cosinus von 90° ist
$0.0 = r$).

Wir können aber erkennen, daß die Faktoren (die nach der Hauptachsen-
methode extrahiert wurden), keine befriedigende Schätzung der theoretischen Variablen darstellen. Auf dem Faktor F_1 laden die Variablen x_1
bis x_3 und x_4 bis x_6 mittelhoch positiv, auf dem Faktor F_2 laden die
Variablen x_1 bis x_3 mittelhoch positiv, die Variablen x_4 bis x_6 mittelhoch negativ. Wir sind also relativ weit von einer Einfachstruktur entfernt, bei der jede Variable nur auf einem Faktor hoch auf den anderen
annähernd 0.0 lädt. In unseren Beispiel kann eine annähernde Einfachstruktur durch die Faktorenrotation erreicht werden. Der Faktor F_1 liegt
danach im Cluster der Variablen x_1 bis x_3, Der Faktor F_2 ist im Cluster
der Variablen x_4 bis x_6 zu finden (vgl. Abb. 12):

Abb. 12:   Exemplarische Darstellung der Lage der Faktoren nach der
            Rotation bei sechs gegebenen Variablen

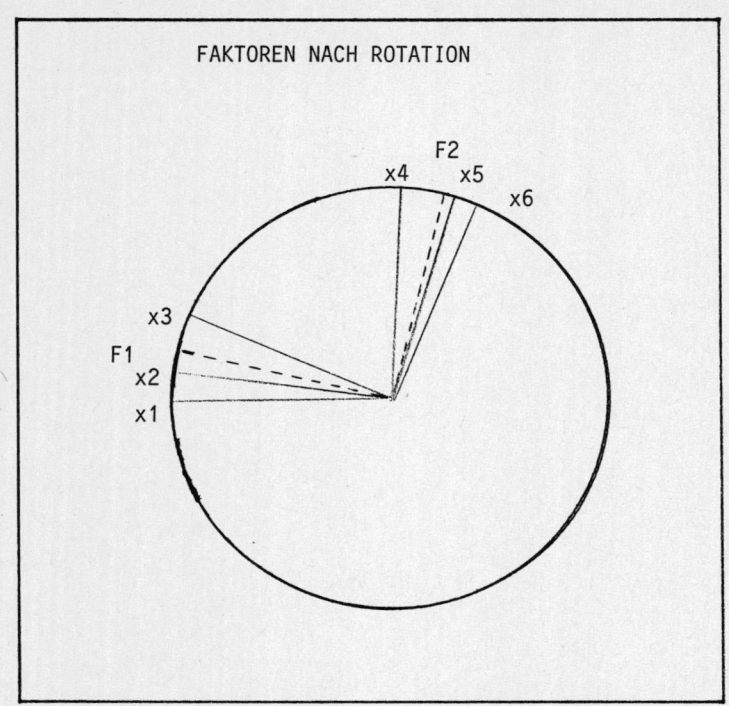

Anhand dieser graphischen Veranschaulichung in einem auf zwei Dimensionen
komprimierten Testraum sehen wir, daß die Faktoren brauchbare Schätzungen
der theoretischen Variablen darstellen, wenn die Cluster der (operationalen) Variablen relativ unabhängig (annähernd unkorreliert) sind.

9.1.3 Probleme der Faktorenanalyse und Lösungsmöglichkeiten in SPSS

Im Folgenden wollen wir die bereits skizzierten Probleme, die bei der
Faktorenanalyse auftreten, verdeutlichen und die in SPSS hierfür
gebotenen Lösungsmöglichkeiten diskutieren. Dabei wollen wir uns auf
formale Probleme (wie z.B. die Schätzung der Kommunalitäten) beschränken.
Inhaltliche Probleme, die z.B. die Angemessenheit orthogonaler Faktoren
betreffen, werden im Abschnitt 9.3 ausführlich diskutiert.

9.1.3.1 Das Kommunalitätenproblem

Um uns das Kommunalitätenproblem zu verdeutlichen, wollen wir uns noch
einmal daran erinnern, daß mit Hilfe der Faktorladungen die Korrelationsmatrix möglichst genau reproduziert werden soll. Extrahiert man nun eben-
soviele Faktoren wie Variable vorhanden sind, so läßt sich die Korrelationsmatrix exakt mit 1.0 für die Diagonalelemente reproduzieren. Dieses
Verfahren bezeichnet man als Hauptkomponentenanalyse. Hier treten die von
uns genannten Probleme nicht auf (mit Ausnahme des Rotationsproblems).
Bei der Hauptkomponentenmethode hat man keine Datenreduktion erzielt, da
sich so viele (allerdings unabhängige) Faktoren ergeben wie Variable
vorhanden sind.

Will man eine Datenreduktion erreichen, so sind einige der Faktoren nicht
zu interpretieren. Es sind dies die Faktoren, auf denen nur eine Variable
eine hohe Ladung aufweist. Diese Faktoren bezeichnet man als Einzelrestfaktoren. Die Eigenwerte der Einzelrestfaktoren sind im allgemeinen
deutlich kleiner als 1.0. Ignoriert man die Einzelrestfaktoren, so erhält
man sehr viel weniger (gemeinsame) Faktoren als ursprünglich Variable in
die Analyse eingingen.

In diesem Falle sind die Diagonalelemente der Korrelationsmatrix durch
die Kommunalitäten zu ersetzen. Die Kommunalität einer Variable berechnet
sich als die Summe der quadrierten Ladungen dieser Variable auf allen
Faktoren.

Das Problem bei der Faktorenextraktion nach der Hauptachsenmethode (dem
gängigsten Verfahren) ist, daß die Kommunalitäten vor der Extraktion
bekannt sein müssen, obwohl sie erst nach der Extraktion bestimmt werden
können.

Im Prinzip existieren nun zwei Möglichkeiten zur Kommunalitätenschätzung:

1) Man verwendet eine Näherungsschätzung.

2) Man bestimmt Schätzwerte für die Kommunalitäten, extrahiert die Faktoren und errechnet die Kommunalitäten. Diese Werte werden im nächsten
   Schritt als Schätzwerte verwendet. Dann werden nach der Faktoren-

extraktion wieder die Kommunalitäten errechnet. Dieses iterative Verfahren der Kommunalitätenschätzung wird solange fortgesetzt, bis der
Schätzwert und der errechnete Wert annähernd übereinstimmen.

Zur Näherungschätzung existieren zwei verschiedene Schätzverfahren. Einerseits kann die Kommunalität geschätzt werden über das Quadrat der multiplen Korrelation[1] der Variablen mit den anderen Variablen der Korrelationsmatrix. Das Quadrat des multiplen Korrelationskoeffizienten stellt
dabei die Untergrenze der Kommunalität dar (vgl. ÜBERLA 1971, S. 155).

Zum Teil, insbesondere dann, wenn die multiple Korrelation nicht berechnet werden kann, wird die höchste Korrelation der Variable mit einer
der anderen Variablen als Kommunalitätenschätzung verwendet. Für den
höchsten bivariaten Korrelationskoeffizienten gibt es allerdings keine
theoretische Begründung. Er steht in keiner unmittelbaren Beziehung zur
Kommunalität.

Bei der iterativen Kommunalitätenschätzung wird in der Regel das Quadrat
des multiplen Korrelationskoeffizienten als Startwert verwendet. Es ist
allerdings von der Konstellation der Korrelationskoeffizienten abhängig,
nach wievielen Iterationen eine Konvergenz (Übereinstimmung) zwischen geschätzten und errechneten Kommunalitäten erreicht wird.

Das Unbehagen über die offensichtlich unbefriedigende Lösung des Kommuna-
litätenproblems hat zur Entwicklung einiger neuer Verfahren der Faktorenanalyse geführt. Zu nennen sind hier insbesondere:

die Alpha-Faktorenanalyse
die Image-Faktorenanalyse
die Minres-Methode (Methode der kleinsten quadratischen Abweichung) als
    Unweighted least squares oder
    Generalized least squares sowie
die Maximum-Likelihood-Methode (vgl. BORTZ 1977, S. 691 ff.).
----
1) Die multiple Korrelation gibt Auskunft über die Stärke des linearen
   Zusammenhanges einer Variablen mit einem Satz anderer Variablen. Der
   multiple Korrelationskoeffizient R bewegt sich zwischen 0.0 und 1.0
   (vgl. BORTZ 1977, S. 589 ff.; GAENSSLEN & SCHUBÖ 1973, S. 102 ff.;
   üBERLA 1971, S. 155 ff.).

Da diese Methoden aber andere Probleme mit sich bringen, ist deren Anwendung ohne hinreichendes Hintergrundwissen nicht empfehlenswert.

SPSS/PC+ bietet in der Prozedur FACTOR folgene Möglichkeiten:

1) die Durchführung der Hauptkomponentenanalyse,
2) die iterative Kommunalitätenschützung,
3) die Alpha-Faktorenanalyse,
4) die Image-Faktorenanalyse,
5) die Unweighted least squares und
6) die Generalized least squares.

Die möglichen Methoden der Faktorenextraktion können über das Unterkommando EXTRACTION gewählt werden.

Voreinstellung ist die Hauptkomponentenanalyse also EXTRACTION = PA1 (oder PC)

In diesem Falle erfolgt die Analyse ausgehend von der Korrelationsmatrix mit dem Wert 1.0 für die Diagonalelemente.

Die iterative Kommunaltitätenschätzung kann durch das Unterkommando EXTRACTION = PA2 (oder PAF) angefordert werden. Dabei ist voreingestellt, daß maximal 25 Iterationen erfolgen. Diese Voreinstellung kann durch die Anweisung CRITERIA = ITERATE (50) auf beispielsweise 50 Iterationen erhöht werden.

Andere Extraktionsmethoden können über die Anweisungen
        EXTRACTION = ALPHA/
        EXTRACTION = IMAGE/
        EXTRACTION = ULS/
        EXTRACTION = GLS/ oder
        EXTRACTION = ML/
angefordert werden. Für ALPHA kann dabei auch die Zahl der Iterationen über das Schlüsselwort ITERATE bestimmt werden.

9.1.3.2 Das Problem der Faktorenzahl

Als weiteres Problem stellt sich die Frage nach der Anzahl der Faktoren, die extrahiert werden sollen.

Ein relativ einfaches und auf den ersten Blick plausibles Kriterium ist das Eigenwert-Kriterium.

Der Eigenwert eines Faktors berechnet sich aus der Summe der quadrierten Ladungen aller Variablen auf diesem Faktor. Vielfach werden alle Faktoren extrahiert, deren Eigenwert größer/gleich 1.0 ist. Da die Varianz aller Variablen (bei der Berechnung der Korrelation) auf 1.0 standardisiert wird, werden damit nur Faktoren extrahiert, die zumindest die Varianz einer Variablen erklären.

Dieses Kriterium ist in SPSS Voreinstellung. Es handelt sich jedoch um ein formales Kriterium, das nicht gewährleistet, daß die extrahierten Faktoren inhaltlich bedeutsam und interpretierbar sind.

Von GUILFORD (1952, S. 27) wird postuliert, daß mindestens drei Variable hoch auf einem Faktor laden müssen, damit dieser inhaltlich interpretierbar ist. Betrachtet man (absolute) Ladungswerte ab größer/gleich .70 als hoch, so muß der Eigenwert eines Faktors größer/gleich 1.47 $(=(.7)^2 + (.7)^2 + (.7)^2)$ sein.

FÜRNTRATT (1969, S. 66 ff.) nennt als Kriterium für die Interpretierbarkeit eines Faktors, daß für mindestens drei Variable die quadrierte Ladung der Variable auf dem Faktor dividiert durch die Kommunalität der Variablen größer als .5 sein muß. (Das bedeutet, daß mehr als 50% der Kommunalität durch die Ladung auf einem Faktor bedingt ist.) Mit diesem Kriterium läßt sich allerdings keine Untergrenze des Eigenwertes für die zu extrahierender Faktoren bestimmen, so daß dies auch keine befriedigende Lösung des Problems darstellt.

Als weiteres Kriterium wird der Scree-Test angeboten. Dieser beruht auf dem Ergebnis von Simulationsstudien über Korrelationen mit Zufallszahlen. Zeichnet man die Eigenwerte der extrahierten Faktoren einer Korrelationsmatrix auf, die auf Zufallszahlen basiert, so ergibt sich ein gleichmäßiger relativ flach abfallender Verlauf. Betrachtet man dagegen den Verlauf der Eigenwerte einer empirisch ermittelten Korrelationsmatrix, so kann man häufig feststellen, daß sich die ersten Werte relativ stark unterscheiden, dann flacht die Kurve jedoch sehr stark ab. Von diesem Punkt an wird angenommen, daß nur noch Einzelrestfaktoren vorliegen, die nicht mehr extrahiert werden sollten. (d. h. daß die verbleibende gemeinsame Variation zufallsbedingt ist). SPSS bietet über das PLOT-Unterkommando mit der Spezifikation PLOT = EIGEN die Möglichkeit, den Verlauf der Eigenwerte darzustellen und so den Scree-Test durchzuführen. Dabei ist jedoch zuberücksichtigen, daß der Scree-Test nur dann wirklich effizient sein kann, wenn die theoretischen Variablen unkorreliert sind. Auch das Problem der Schwierigkeitsfaktoren ist mit dem Scree-Test nicht lösbar.

Die orthogonale Faktorenextraktion führt nur dann zu relativ guten Schätzungen der theoretischen Variablen, wenn diese annähernd unkorreliert sind und durch mehrere (mindestens drei) Indikatoren repräsentiert werden. Sind die theoretischen Variablen jedoch korreliert und/oder werden sie durch nur zwei Indikatoren repräsentiert, so werden in der Regel zu wenig Faktoren extrahiert.

Wie bereits gesagt, ist in SPSS das Eigenwirkungskriterium größer als 1.0 bestimmend für die Anzahl der Faktoren, die extrahiert werden. Dieses Kriterium kann durch die Anweisung CRITERIA = MINEIGEN(1.5) beispielsweise auf den Wert 1.5 verändert werden. Daneben kann in dem CRITERIA-Unterkommando nach dem Schlüsselwort FACTORS die Anzahl der zu extrahierenden Faktoren bestimmt werden. Wird z. B. CRITERIA = FACTORS(4) spezifiziert, so werden eventuelle Angaben bei MINEIGEN ignoriert.

9.1.3.3 Das Rotationsproblem

Wie wir an unserem Beispiel zur graphischen Veranschaulichung der Faktorenanalyse gesehen haben, kann es vorkommen, daß die Faktoren zwischen Variablenclustern liegen. Damit laden mehrere Variable auf zwei oder mehr Faktoren mittelhoch. Durch die Rotation der Faktoren soll nun eine annähernde Einfachstruktur und damit eine bessere Interpretierbarkeit der Faktorenlösung erreicht werden. Hier können wir zwischen orthogonaler und schiefwinkliger Rotation unterscheiden. Bei der orthogonalen Rotation verändern sich nur die Winkel zwischen Variablen und Faktoren im Testraum, während die Winkel zwischen den Faktoren konstant (= 90⁰) bleiben. Das bedeutet, daß auch nach Beendigung der Rotation wechselseitig unabhängige Faktoren vorliegen.

Bei der schiefwinkeligen Rotation verändern sich auch die Winkel zwischen den Faktoren, so daß sich korrelierte Faktoren ergeben.

In SPSS sind drei Verfahren der orthogonalen Rotation verfügbar:

a) die Varimax-Rotation (Voreinstellung),
b) die Equamax-Rotation und
c) die Quartimax-Rotation.

Wir wollen hier nicht näher auf die zugrunde liegenden Formeln eingehen, sondern nur kurz die bei der Rotation intendierten Wirkungen der Verfahren beschreiben.

Die Varimax-Rotation bewirkt tendenziell, daß hohe Faktorladungen größer werden (gegen 1.0 gehen), während kleine Faktorladungen kleiner werden (gegen 0.0 gehen).

Die Quartimax-Rotation bewirkt tendenziell, daß jede Variable auf einem Faktor möglichst hoch und auf den anderen Faktor möglichst niedrig (annähernd 0.0) lädt.

Die Equamax-Rotation kann als ein Kompromiß der beiden Prinzipien verstanden werden.

Im allgemeinen wird davon ausgegangen, daß die Varimax-Rotation die effizienteste Methode ist, um Faktorlösungen zu erhalten, die annähernd Einfachstruktur aufweisen.

Weiterhin ist zu beachten, daß durch eine orthogonale Rotation der Anteil der durch die Faktoren erklärten Varianz nicht verändert wird. Es verändern sich jedoch die Anteile, die die einzelnen Faktoren erklären.

Für die schiefwinkelige Rotation muß in SPSS über einen Parameter bestimmt werden, in welchen Winkel (wie stark korreliert) die Faktoren zu einander stehen sollen. Dazu bietet SPSS die Möglichkeit, einen Parameter (DELTA) zu spezifizieren.

Es ist darauf zu achten, daß bei der schiefwinkeligen Rotation zwei Matrizen ausgegeben werden, nämlich FACTOR STRUCTURE und FACTOR PATTERNS. Die Matrix FACTOR STRUCTURE enthält die Korrelationen zwischen Variablen und Faktoren, die Matrix FACTOR PATTERNS enthält dagegen die Faktor-ladungen der Variablen. Für den Fall der schiefwinkeligen Rotation können auch Faktorladungen auftreten, die größer als 1.0 sind.

Für den Fall der orthogonalen Rotation ist die Matrix FACTOR STRUCTURE identisch mit der Matrix FACTOR PATTERN.

Die Auswahl des Rotationsverfahrens erfolgt in SPSS über das Unterkom-mando ROTATION.

Hier sind folgende Wahlmöglichkeiten gegeben:

ROTATION = VARIMAX   Varimax-Rotation (=Voreinstellung),
ROTATION = QUARTIMAX,
ROTATION = EQUAMAX und
ROTATION = OBLIMIN   Schiefwinkelige Rotation; hier ist das Schlüssel-
                     wort DELTA anzugeben.

Voreinstellung für DELTA ist 0, damit wird eine ziemlich schiefwinklige Rotation durchgeführt. Die Werte für DELTA können sich im Bereich von 1 (extrem korreliert) bis -5 (nahezu orthogonal) bewegen.
Die Interpretation schiefwinkeliger Rotationslösungen setzt insbe-sondere, wenn mehrere Faktoren extrahiert wurden, einige Erfahrungen voraus und sind dem Anfänger nicht zu empfehlen.

9.1.4 Die Faktorenanalyse in SPSS

Die Faktorenanalyse bietet in SPSS zahlreiche Wahlmöglichkeiten für das methodische Vorgehen.

In dem FACTOR-Kommando sind die Unterkommandos hierarchisch geordnet zu spezifizieren.
Zu Beginn - und nur einmal innerhalb des FACTOR-Kommandos - ist das VARIABLES-Unterkommando anzugeben. Damit wird festgelegt, welche Variablen in die nachfolgenden Analysen eingehen.
Mit dem MISSING-Unterkommando, das ebenfalls nur einmal zu Beginn eingegeben werden darf, kann die Behandlung der fehlenden Werte festgelegt werden. Voreinstellung ist hier der Ausschluß eines Falles, wenn dieser für mindestens eine Variable einen fehlenden Wert aufweist. Die Spezifikation MISSING = MEANSUB/ bewirkt, daß fehlende Werte durch den Mittelwert für die betreffende Variable ersetzt werden.
Nun können ein oder mehrere Analyseblöcke folgen, die mit dem Unter-kommando ANALYSIS = ... beginnen. Nach dem Gleichheitszeichen sind die Variablen aufzuzählen, die in die Analyse eingehen sollen. Es dürfen hier nur Variable aufgezählt werden, die bereits im VARIABLES-Unterkommando spezifiziert wurden.
Anschließend können die Unterkommandos PRINT, PLOT, FORMAT, DIAGONAL und WRITE folgen. Über PRINT, PLOT und FORMAT können zuzsätzliche Leistungen angefordert werden, die in früheren SPSS-Versionen über OPTIONS und STATISTICS verfügbar waren. Das DIAGONAL-Unterkommando erlaubt eine Vorgabe der Startwerte für die Kommunalitätenschätzung. Dieses Unter-kommando ist allerdings nur in Verbindung mit dem Unterkommando EXTRACTION = PAF/ wirksam.
Innerhalb des Analyse-Blocks können mehrere Extraktions-Blöcke definiert werden. Mit dem CRITERIA-Unterkommando werden Extraktionskriterien (Anzahl der Faktoren, Eigenwertkriterium, Anzahl der Iterationen usw.) festgelegt. Mit dem Unterkommando EXTRACTION = wird die Extraktions-methode festgelegt.
Innerhalb eines Extraktions-Blockes können wiederum mehrere Rotations-Blöcke definiert werden. Zu beachten ist, daß einzelne Spezifikationen des CRITERIA-Unterkommandos (z. B. ITERATIONS (50)) im Extraktions-Block auch im nachstehenden Rotationsblock Gültigkeit haben. Eine Rücksetzung

auf die Voreinstellung ist durch das Unterkommando CRITERIA = DEFAULT/
möglich.

Über das ROTATION-Unterkommando wird das Rotationsverfahren bestimmt.

Über das SAVE-Unterkommando können schließlich die Factor-Scores in den
aktiven File für weitere Auswertungen übernommen werden.

Zur Demonstration beginnen wir mit einem relativ einfachen Aufruf, in dem
viele Voreinstellungen ausgenutzt werden.

In der zweiten Liste werden zusätzliche Leistungen demonstriert, die über
das PRINT, PLOT und FORMAT-Unterkommando verfügbar sind.

Die dritte Liste zeigt die Unterschiede, die sich aufgrund verschiedener
Kommunalitätenschätzungen ergeben.

In der vierten Liste werden schließlich die orthogonalen Rotationsverfahren dargestellt.

```
-------------------------------------------------------------------------
This procedure was completed at 14:31:47
title  "Darstellung der Faktorenanalyse".
subtitle "einfacher Aufruf".
FACTOR       VARIABLES = SD03 to SD11/                 --(1)
             ANALYSIS = SD03 to SD11/
             EXTRACTION = PAF/
             ROTATION = VARIMAX.                       --(1)

This FACTOR analysis requires      11136 (      10.9K) BYTES of memory.
```

Page   3   Darstellung der Faktorenanalyse   6/28/8(
einfacher Aufruf

- - - -   F A C T O R   A N A L Y S I S   - - - -

Analysis Number 1 Listwise deletion of cases with missing values --(2)

Extraction 1 for Analysis 1, Principal Axis Factoring (PAF)   --(2)

Initial Statistics:

Variable	Communality --(3)--	* *	Factor -(4)-	Eigenvalue --(5)--	Pct of Var ---(6)---	Cum Pct
SD03	.63170	*	1	5.84675	65.0	65.0
SD04	.82434	*	2	1.62434	18.0	83.0
SD05	.85002	*	3	.44625	5.0	88.0
SD06	.70377	*	4	.34286	3.8	91.8
SD07	.77321	*	5	.22195	2.5	94.2
SD08	.84614	*	6	.16437	1.8	96.1
SD09	.58165	*	7	.13812	1.5	97.6
SD10	.82718	*	8	.11650	1.3	98.9
SD11	.79741	*	9	.09886	1.1	100.0

  PAF Extracted 2 factors.   9 Iterations required.   --(7)

Factor Matrix:

	FACTOR 1	FACTOR 2	
SD03	.59039	.57928	--(8)
SD04	.84822	-.36023	
SD05	.91170	-.03357	
SD06	.66401	.62396	
SD07	.81597	-.30150	
SD08	.89747	-.12536	
SD09	.59576	.53165	
SD10	.84321	-.33864	
SD11	.87312	-.10632	--(8)

Final Statistics:

	--(9)--					
Variable	Communality	*	Factor	Eigenvalue	Pct of Var	Cum Pct --(9)
		*				
SD03	.68413	*	1	5.63966	62.7	62.7
SD04	.84924	*	2	1.37105	15.2	77.9
SD05	.83232	*				
SD06	.83025	*				
SD07	.75671	*				
SD08	.82116	*				
SD09	.63758	*				
SD10	.82568	*				
SD11	.77365	*				--(9)

Varimax   Rotation 1, Extraction 1, Analysis 1 - Kaiser Normalization.

 Varimax converged in   3 iterations.   --(10)

Rotated Factor Matrix:

	FACTOR 1	FACTOR 2	
SD03	.19514	.80377	--(11)
SD04	.91048	.14237	
SD05	.79176	.45324	
SD06	.23404	.88061	
SD07	.85207	.17519	
SD08	.82818	.36780	
SD09	.22487	.76617	
SD10	.89482	.15805	
SD11	.79745	.37110	--(11)

Page 4   Darstellung der Faktorenanalyse   6/28/86
einfacher Aufruf

- - - - F A C T O R   A N A L Y S I S - - - -

Factor Transformation Matrix:

	FACTOR 1	FACTOR 2	
FACTOR 1	.84899	.52840	--(12)
FACTOR 2	-.52840	.84899	

(1)   Aufruf der Faktorenanalyse über das Kommando FACTOR. Nach dem Unter-
        kommando VARIABLES werden die Variablen aufgezählt, die in die
        Faktorenanalyse eingehen. Über das Unterkommando ANALYSIS =....
        werden die Variablen festgelegt, die in diesen Analyseblock einbe-
        zogen werden. Mit dem Unterkommando EXTRACTION = PAF/ wird die
        Extraktion nach der Hauptachsenmethode aufgerufen.
        Das Unterkommando ROTATION = VARIMAX bewirkt schließlich eine
        Rotation der Faktoren nach dem Varimax-Kriterium. Dies ist zwar
        Voreinstellung; in der hier verwendeten Version war diese Spezi-
        fikation aber erforderlich, um die rotierte Faktor-Matrix aus-
        gedruckt zu erhalten.
        Bei diesem Aufruf wird von folgenden Voreinstellungen Gebrauch
        gemacht:
        Ausgegangen wird von dem Quadrat der multiplen Korrelations-
        koeffizienten als Startwert für die Kommunalitäten. Ist dieser
        nicht berechenbar, so wird statt dessen die höchste Korrelation der
        Variablen mit einer anderen Variablen als Ausgangspunkt verwendet.
        Maximal 25 Iterationen zur Kommunalitätenschätzung sind voreinge-
        stellt.
        Es werden alle Faktoren extrahiert, deren Eigenwerte größer/gleich
        1.0 sind.
        Standardmäßig werden folgende statistische Kennwerte ausgegeben:

        Geschätzte Kommunalitäten, Eigenwerte und Anteile der Varianz-
        aufklärung, die unrotierte Faktorenladungsmatrix, die tatsäch-
        lichen Kommunalitäten, sowie die Eigenwerte der extrahierten
        Faktoren, die Matrix der varimaxrotierten Faktorenladungen und die
        Transformationsmatrix für die Faktorenrotation.

(2)   Ausgabe von Informationen über die Behandlung von fehlenden Werten
        und das verwendete Extraktionsverfahren.

(3)   Ausgabe der geschätzten Kommunalitäten der Variablen, die in die
        Faktorenanalyse eingehen. Es handelt sich dabei um die Startwerte
        der Kommunalitätenschätzung.

(4)   Nummerierung der Faktoren für die Bestimmung der Anzahl der zu
       extrahierenden Faktoren. In unserem Falle gehen neun Variable in
       die Analyse ein, damit sind maximal neun Faktoren extrahierbar.
       Allgemein gilt, bei k Variablen und N Versuchspersonen sind maximal
       k oder (falls N kleiner als k) N-1 Faktoren extrahierbar.

(5)   Ausgabe der aus der Korrelationsmatrix berechneten Eigenwerte für
       die k möglichen Faktoren. Diese Eigenwerte dienen in der Regel als
       Extraktionskriterium. Hier ergeben sich zwei Eigenwerte mit einem
       Wert größer als 1.0. Das bedeutet, es werden zwei Faktoren
       extrahiert.

(6)   Ausgabe der geschätzten Prozentwerte für die durch die Faktoren
       erklärte Varianz (PCT) bzw. die kumulierte erklärte Varianz
       (CUM PCT). Die Gesamtvarianz eines Variablensatzes ist gleich der
       Anzahl der Variablen. Der Anteil der erklärten Varianz eines
       Faktors errechnet sich aus: (Eigenwert * 100)/Anzahl der Variablen.
       Wir können erkennen, daß der erste Faktor bereits 65 % der Varianz
       erklärt. Man kann damit annehmen, daß dies ein starker General-
       faktor ist, auf dem alle Variablen relativ hoch laden. Der zweite
       Faktor erklärt 18 % der Varianz. Kumuliert werden damit durch die
       ersten beiden Faktoren 83 % der Varianz erklärt. Der Beitrag der
       potentiellen weiteren Faktoren zur Varianzaufklärung ist relativ
       gering.

(7)   Ausgabe der Anzahl der Iterationen, die zur Konvergenz der Kommu-
       nalitätenschätzungen benötigt werden. Wird mehr als die voreinge-
       stellte Zahl von Iterationen benötigt, so erfolgt ein Hinweis.

(8)   Ausgabe der unrotierten Ladungsmatrix, der nach der Hauptachsen-
       methode extrahierten Faktoren. Es zeigt sich dabei, daß der erste
       Faktor einen Generalfaktor darstellt. Die kleinste Ladung (für
       SD03) beträgt .59. Das bedeutet aber auch, daß die von uns postu-
       lierten theoretischen Variablen relativ stark korrelieren. Damit
       ist zu befürchten, daß mit einer orthogonalen Rotation keine
       adäquate Darstellung der theoretischen Variablen möglich sein wird.

Betrachtet man den zweiten Faktor, so stellt man fest, daß die Variablen SD03 (eintönig - vielfältig); SD06 (langweilig - abwechslungsreich) und SD09 (öde - kontrastreich) bedeutsame Doppelladungen aufweisen.

(9) Ausgabe der tatsächlichen Kommunalität für die Variablen. Multipliziert man die Werte der Kommunalitäten mit 100, so wird damit der prozentuale Anteil der Varianz der Variablen angegeben, der durch die Faktoren erklärt wird.
Danach werden die tatsächlichen Eigenwerte der extrahierten Faktoren ausgegeben. Anschließend wird der kumulierte Anteil der erklärten Varianz dargestellt.

(10) Beginn des Rotationsblockes. SPSS teilt mit, welches Rotionsverfahren verwendet wurde und wieviel Iterationen benötigt wurden.

(11) Ausgabe der Matrix der varimaxrotierten Faktorladungen. Dabei zeigt sich, daß die Ladungen der Variablen SD03, SD06 und SD09 auf dem ersten Faktor kleiner geworden sind. Diese Variablen laden jedoch nun auf dem zweiten Faktor beträchtlich höher. Gegen die Einfachstruktur dieser Ladungsmatrix spricht, daß die Variablen SD05 (häßlich - schön), SD08 (abstoßend - anziehend) und SD11 (unfreundlich - freundlich) nun beträchtlich Doppelladungen aufweisen. Die hier erreichte Faktorenlösung erscheint uns auch inhaltlich unbefriedigend, da wir von drei (korrelierten) theoretischen Variablen, der erlebten Vielfältigkeit, Natürlichkeit und Attraktivität ausgingen. Von den theoretischen Variablen lassen sich nur zwei faktoranalytisch reproduzieren.

(12) Ausgabe der Transformationsmatrix zur orthogonalen Rotation der Faktoren. Diese Matrix bleibt in der Regel bei der Interpretation unberücksichtigt (für die inhaltliche Bedeutung vgl. ARMINGER 1979, S. 92 ff.; BORTZ 1977, S. 643 ff.).

Nun folgt eine weitere Ergebnisliste, in der viele zusätzlich verfügbare
statistische Kennwerte und Tests angefordert werden:

```
-----------------------------------------------------------------------------
Page   5   Darstellung der Faktorenanalyse                           6/28/86

This procedure was completed at 14:32:20
SUBTITLE "Grafische Darstellung und ergaenzende Statistiken".
FACTOR          VARIABLES = SD03 to SD11/                      --(1)
                MISSING = MEANSUB/
                WIDTH = 80/
                ANALYSIS =SD03 to SD11/
                FORMAT = SORT/
                PRINT = INITIAL,EXTRACTION,ROTATION,UNIVARIATE,
                CORRELATION,DET,REPR/
                PLOT = EIGEN/
                EXTRACTION = PAF/
                ROTATION = VARIMAX.                            --(1)

This FACTOR analysis requires      11286 (       11.0K) BYTES of memory.
```

---- F A C T O R   A N A L Y S I S ----

Analysis Number 1 Replacement of missing values with the mean --(2)

	Mean	Std Dev	Cases	Label
SD03	4.25105	1.50165	239	eintoenig-vielfaeltig --(3)
SD04	4.36820	2.06545	239	technisch-natuerlich
SD05	4.41250	1.78811	240	haesslich-schoen
SD06	4.30000	1.45562	240	monoton-abwechslungsreich
SD07	4.02083	1.76779	240	kuenstlich-urspruenglich
SD08	4.48750	1.64655	240	abstossend-anziehend
SD09	4.38494	1.46448	239	oede-kontrastreich
SD10	4.00837	1.74527	239	entstellt-unverfaelscht
SD11	4.38494	1.73155	239	unfreundlich-freundlich --(3)

Correlation Matrix: --(4)

	SD03	SD04	SD05	SD06	SD07	SD08	SD09
SD03	1.00000						
SD04	.30683	1.00000					
SD05	.49030	.76420	1.00000				
SD06	.77271	.35922	.57276	1.00000			
SD07	.31405	.83254	.70278	.35203	1.00000		
SD08	.41989	.76482	.88783	.49911	.73535	1.00000	
SD09	.66390	.30155	.51973	.72361	.34337	.45001	1.00000
SD10	.33528	.87054	.74167	.34489	.85162	.76299	.29832
SD11	.43357	.74843	.85444	.48086	.71142	.86636	.46462

	SD10	SD11
SD10	1.00000	
SD11	.72720	1.00000

Determinant of Correlation Matrix = .0000910 --(5)

Extraction 1 for Analysis 1, Principal Axis Factoring (PAF)

Initial Statistics:

			---------(6)---------			
Variable	Communality	*	Factor	Eigenvalue	Pct of Var	Cum Pct
		*				
SD03	.63098	*	1	5.82217	64.7	64.7
SD04	.81558	*	2	1.64146	18.2	82.9
SD05	.84762	*	3	.44416	4.9	87.9
SD06	.70385	*	4	.34211	3.8	91.7
SD07	.77205	*	5	.22245	2.5	94.1
SD08	.84475	*	6	.16533	1.8	96.0
SD09	.58099	*	7	.14368	1.6	97.6
SD10	.82443	*	8	.11898	1.3	98.9
SD11	.79659	*	9	.09966	1.1	100.0

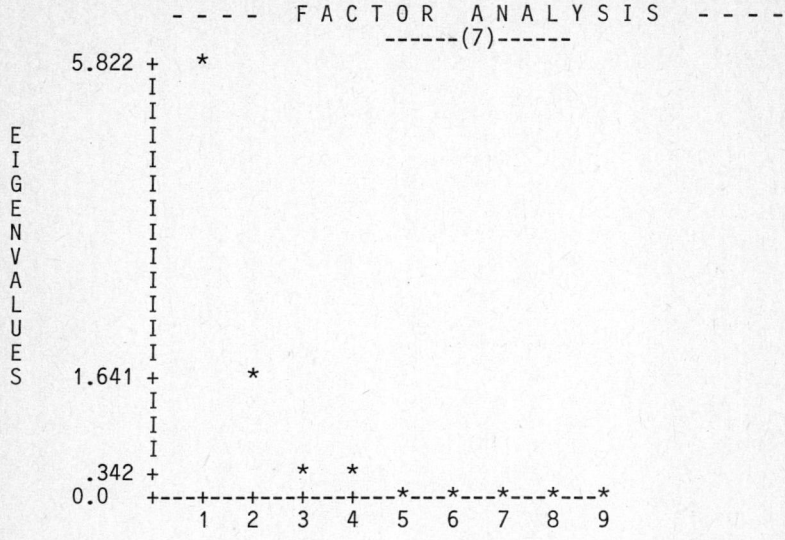

```
              - - - -   F A C T O R   A N A L Y S I S   - - - -
                            ------(7)------
        5.822 +   *
              I
              I
   E          I
   I          I
   G          I
   E          I
   N          I
   V          I
   A          I
   L          I
   U          I
   E          I
   S    1.641 +       *
              I
              I
              I
         .342 +           *   *
          0.0 +---+---+---+---+---*---*---*---*---*
                  1   2   3   4   5   6   7   8   9
```

PAF Extracted   2 factors.   9 Iterations required.

Factor Matrix:

	FACTOR 1	FACTOR 2	
SD05	.91133	-.03335	--(8)
SD08	.89624	-.13182	
SD11	.87328	-.10690	
SD04	.84638	-.34949	
SD10	.84096	-.34411	
SD07	.81562	-.30376	
SD06	.65904	.63061	
SD09	.59014	.53823	
SD03	.58832	.58064	--(8)

Final Statistics:

Variable	Communality	*	Factor	Eigenvalue	Pct of Var	Cum Pct
		*				
SD03	.68326	*	1	5.61394	62.4	62.4
SD04	.83851	*	2	1.38725	15.4	77.8
SD05	.83163	*				
SD06	.83201	*				
SD07	.75751	*				
SD08	.82062	*				
SD09	.63795	*				
SD10	.82563	*				
SD11	.77404	*				

- - - - F A C T O R   A N A L Y S I S - - - -

Reproduced Correlation Matrix: --(9)

	SD03	SD04	SD05	SD06	SD07
SD03	.68326*	.01181	-.02649	.01882	.01057
SD04	.29502	.83851*	-.01879	.02181	.03605
SD05	.51679	.78299	.83163*	-.00681	-.05065
SD06	.75389	.33741	.57957	.83201*	.00605
SD07	.30347	.79649	.75343	.34598	.75751*
SD08	.45074	.80463	.82117	.50754	.77104
SD09	.65971	.31138	.51986	.72834	.31784
SD10	.29495	.83204	.77787	.33723	.79044
SD11	.45170	.77649	.79941	.50812	.74474

	SD08	SD09	SD10	SD11
SD03	-.03085	.00419	.04032	-.01812
SD04	-.03981	-.00983	.03850	-.02806
SD05	.06666	-.00013	-.03620	.05503
SD06	-.00843	-.00473	.00766	-.02725
SD07	-.03569	.02553	.06118	-.03332
SD08	.82062*	-.00794	-.03608	.06960
SD09	.45796	.63795*	-.01276	.00680
SD10	.79907	.31107	.82563*	-.04398
SD11	.79676	.45782	.77118	.77404*

-----(9)-----

The lower left triangle contains the reproduced correlation matrix; The
diagonal, communalities; and the upper right triangle, residuals between
the observed correlations and the reproduced correlations.

There are   5 (13.0%) residuals (above diagonal) that are   0.05

Varimax   Rotation 1, Extraction 1, Analysis 1 - Kaiser Normalization.

   Varimax converged in   3 iterations.

Rotated Factor Matrix:

	FACTOR 1	FACTOR 2	
SD04	.90385	.14684	--(10)
SD10	.89641	.14858	
SD07	.85366	.16962	
SD08	.83202	.35828	
SD11	.79940	.36744	
SD05	.79317	.45001	
SD06	.22990	.88270	
SD03	.19594	.80304	
SD09	.21975	.76789	--(10)

Factor Transformation Matrix:

	FACTOR 1	FACTOR 2
FACTOR 1	.85114	.52495
FACTOR 2	-.52495	.85114

----

(1)   Aufruf der Faktorenanalyse. Wir werden hier nur auf die noch nicht
      dargestellten Unterkommandos eingehen. Mit der Spezifikation
      MISSING = MEANSUB wird erreicht, daß fehlende Werte durch den
      Mittelwert dieser Variablen in der gesamten Population ersetzt
      werden. Dieses Vorgehen ist zu empfehlen, wenn im Datensatz relativ
      häufig fehlende Werte vorkommen und wenn Factor-Scores errechnet
      werden sollen.
      Mit dem Unterkommando WIDTH = 80/ kann die Anzahl der Zeichen pro
      Zeile neu vorgegeben werden. Dieses Unterkommando überschreibt den
      im SET-Kommando angegeben Wert.
      Mit Hilfe der Spezifikation FORMAT = SORT / wird erreicht, daß die
      Faktorladungen nach dem Ladungsbetrag sortiert ausgegeben werden.
      Dies erleichtert vielfach die Interpretation faktorenanalytischer
      Lösungen.
      Über das Print-Unterkommando kann die Ausgabe von statistischen
      Kennwerten gesteuert werden. Die von uns angegebenen Schlüssel-
      wörter haben folgende Wirkungen :
      INITIAl bewirkt die Ausgabe der Startwerte für die Kommunalitäten-
      schätzung, der Eigenwerte der nicht reduzierten Korrelationsmatrix
      (d.h. die Diagonalelemente sind 1.0), und des Anteils der erklärten
      Varianz jedes Faktors. (INITIAL ist Voreinstellung.)
      EXTRACTION bewirkt die Ausgabe der unrotierten Faktorladungen, der
      nach der Extraktion errechneten Kommunalitäten, der Eigenwerte der
      extrahierten Faktoren und des Anteils jedes Faktors an der
      erklärten Varianz. (EXTRACTION ist Voreinstellung.)
      ROTATION bewirkt die Ausgabe der rotierten Faktorladungen und der
      Transformationsmatrix für die Faktorrotation. (ROTATION ist Vorein-
      stellung.)
      UNIVARIATE bewirkt die Ausgabe der deskriptiven Statistiken. Es
      werden Mittelwert, Standardabweichung und Anzahl der Fälle mit
      gültigen Werten für jede Variable ausgegeben.
      CORRELATION bewirkt die Ausgabe der Korrelationsmatrix.

DET bewirkt den Ausdruck des Determinante der Korrelationsmatrix. Ist die Determinante annähernd 0.0, so kann die multiple Korrelation nicht berechnet werden. In diesem Falle wird die höchste bivariate Korrelation als Startwert der Kommunalitätenschätzung verwendet.

REPR bewirkt die Ausgabe der reproduzierten Korrelationsmatrix. Diese ergibt sich, wenn man die Matrix der Faktorladungen mit der transponierten Ladungsmatrix multipliziert und ist ein Kriterium für die Güte der faktorenanalytischen Lösung (in Hinblick auf den Unterschied zwischen tatsächlicher und reproduzierter Matrix).

Mit der Spezifikation des Unterkommandos PLOT = EIGEN/ wird der SCREE-Test angefordert.

(2) SPSS informiert, daß in dieser Analyse fehlende Werte durch die jeweiligen Mittelwerte ersetzt werden.

(3) Ausgabe der deskriptiven Kennwerte, die durch das Schlüsselwort UNIVARIATE im PRINT-Unterkommando angefordert wurden.

(4) Ausgabe des unteren Dreiecks der Korrelationsmatrix.

(5) Ausgabe der Determinate der Korrelationsmatrix diese ist mit 0.000091 zwar relativ klein, aber noch so groß, daß die multiplen Korrelationskoeffizienten berechnet werden können.

(6) Ausgabe der durch das Schlüsselwort INITIAL im PRINT-Unterkommando angeforderten statistischen Kennwerte (Startwerte der Kommunalitäten, Eigenwerte der Faktoren der nicht reduzierten Korrelationsmatrix und Anteil der erklärten Varianz).

(7) Ausgabe des SCREE-Tests. Wir sehen hier, daß die Kurve bis einschließlich zum dritten Faktor sehr steil abfällt, um danach relativ flach zu verlaufen; allerdings ist der Abfall vom zweiten zum dritten Faktor schon erheblich schwächer als vom ersten zum zweiten Faktor.

(8) Ausgabe der Matrix der unrotierten Faktorladungen. Weil das Unter-

kommando FORMAT = SORT angegeben wurde, sind die Variablen nach dem Ladungsbetrag auf dem ersten Faktor sortiert.

(9) Ausgabe der reproduzierten Korrelationsmatrix (Schlüsselwort REPR im PRINT-Unterkommando). Die reproduzierten Korrelationskoeffizienten stehen im unteren Dreieck der Matrix, im oberen Dreieck stehen die Differenzen zu den empirisch ermittelten Korrelationen. Die Inspektion dieser Werte kann zur Bewertung der Faktorenlösung verwendet werden. In der Diagonale stehen die errechneten Kommunalitäten mit * gekennzeichnet. Da keine der ermittelten Differenzen größer als 0.10 ist, können wir von einer befriedigenden Reproduktion der ursprünglichen Korrelationsmatrix ausgehen.

(10) Ausgabe der Faktorladungen nach der Rotation. Aufgrund der Spezifikation FORMAT = SORT werden die Variablen in der Reihenfolge der Ladung auf den Faktoren ausgegeben. Die optische Trennung zwischen den hohen Ladungen auf dem ersten Faktor und dem zweiten Faktor durch eine Leerzeile erleichtert die inhaltliche Interpretation der erzielten Lösung.

220

```
SUBTITLE    "Methoden der Kommunalitaetenschaetzung".
FACTOR        VARIABLES = SD03 to SD11/                    --(1)
              ANALYSIS = SD03 to SD11/                     --(2)
              EXTRACTION = PC/
              ANALYSIS = SD03 to SD11/                     --(3)
              EXTRACTION = PAF.

This FACTOR analysis requires        11262 (        11.0K) BYTES of memory.
```

- - - -   F A C T O R   A N A L Y S I S   - - - -

Analysis Number 1 Listwise deletion of cases with missing values

Extraction 1 for Analysis 1, Principal-Components Analysis (PC)

Initial Statistics:

```
--------------------------(4)--------------------------
Variable    Communality  *  Factor   Eigenvalue   Pct of Var   Cum Pct
                         *
SD03         1.00000     *    1       5.84675        65.0        65.0
SD04         1.00000     *    2       1.62434        18.0        83.0
SD05         1.00000     *    3        .44625         5.0        88.0
SD06         1.00000     *    4        .34286         3.8        91.8
SD07         1.00000     *    5        .22195         2.5        94.2
SD08         1.00000     *    6        .16437         1.8        96.1
SD09         1.00000     *    7        .13812         1.5        97.6
SD10         1.00000     *    8        .11650         1.3        98.9
SD11         1.00000     *    9        .09886         1.1       100.0
```

    PC Extracted   2 factors.

Factor Matrix:

```
              FACTOR  1      FACTOR  2

SD03           .61521         .64874                    --(5)
SD04           .85366        -.37866
SD05           .92158        -.05099
SD06           .67414         .62891
SD07           .83499        -.33752
SD08           .90862        -.14655
SD09           .62595         .61579
SD10           .85229        -.36148
SD11           .89150        -.12926                    --(5)
```

Page 14   Darstellung der Faktorenanalyse   6/28/86
Methoden der Kommunalitaetenschaetzung

- - - -   F A C T O R   A N A L Y S I S   - - - -

Analysis Number 2 Listwise deletion of cases with missing values

Extraction 1 for Analysis 2, Principal Axis Factoring (PAF)

Initial Statistics:
                   ----------------------(6)----------------------
Variable   Communality * Factor Eigenvalue Pct of Var   Cum Pct
                         *
SD03   .63170   *   1   5.84675   65.0   65.0
SD04   .82434   *   2   1.62434   18.0   83.0
SD05   .85002   *   3   .44625   5.0   88.0
SD06   .70377   *   4   .34286   3.8   91.8
SD07   .77321   *   5   .22195   2.5   94.2
SD08   .84614   *   6   .16437   1.8   96.1
SD09   .58165   *   7   .13812   1.5   97.6
SD10   .82718   *   8   .11650   1.3   98.9
SD11   .79741   *   9   .09886   1.1   100.0

   PAF Extracted 2 factors.   9 Iterations required.

Factor Matrix:

             FACTOR 1   FACTOR 2

SD03   .59039   .57928   --(7)
SD04   .84822   -.36023
SD05   .91170   -.03357
SD06   .66401   .62396
SD07   .81597   -.30150
SD08   .89747   -.12536
SD09   .59576   .53165
SD10   .84321   -.33864
SD11   .87312   -.10632   --(7)

(1)   Aufruf der Faktorenanalyse für die Variablen SD03 bis SD11.

(2)   Anforderung der Hauptkomponentenanalyse durch das Unterkommando
       EXTRACTION = PC (Voreinstellung). Die Diagonalelemente der
       Korrelationsmatrix bleiben mit 1.0 besetzt. Als Voreinstellung
       gelten:
       a) Es werden alle Faktoren mit einem Eigenwert von mindestens
          1.0 extrahiert.
       b) Nach der Faktorenextraktion erfolgt eine orthogonale Varimax-
          Rotation.

(3)   Anforderung einer Faktorenanalyse nach dem Hauptachsenverfahren mit
       iterierter Kommunalitätenschätzung durch das Unterkommando
       EXTRACTION = PAF (PA2). An Voreinstellungen sind dabei wirksam:
       a) Maximal 25 Iterationen werden zur Kommunalitätenschätzung
          durchgeführt.
       b) Es werden alle Faktoren mit einem Eigenwert von mindestens
          1.0 extrahiert.
       c) Nach der Faktorenextraktion erfolgt eine orthogonale Varimax-
          Rotation.
       (Auf die Darstellung der rotierten Ladungsmatrix wird im folgenden
       verzichtet, da nur der Zusammenhang der Kommunalitätenschätzungen
       und Faktorladungen dargestellt werden soll.).

(4)   Ausgabe der geschätzten Kommunalitäten. Diese sind alle 1.0, da es
       sich um eine Hauptkomponentenanalyse handelt (vgl. (2)). Weiterhin
       werden die Eigenwerte der Faktoren ausgegeben.

(5)   Ausgabe der unrotierten Faktorladungsmatrix. Hierbei ist ein
       starker Generalfaktor (FAKTOR 1) erkennbar, lediglich die Variablen
       SD03, SD06 und SD09 (Indikatoren der Vielfältigkeit) zeigen
       nennenswerte Ladungen auf dem zweiten Faktor.

(6)   Ausgabe der aufgrund der Faktorenladungen errechneten Kommunali-
       täten der Variablen und Eigenwerte der Faktoren. Die Kommunalitäten
       errechnen sich durch zeilenweise Summation der quadrierten Ladun-

gen. Z.B.: SD03 = $(.583)^2$ + $(.577)^2$ = .673. Die Eigenwerte errechnen sich durch die spaltenweise Summation der quadrierten Ladungen.

(6) Ausgabe der geschätzten Kommunaltäten für das iterative Verfahren. Es ist zu beachten, daß es sich hierbei um die Startwerte, nämlich um das Quadrat des multiplen Korrelationskoeffizienten R handelt (vgl. (3)).

(7) Ausgabe der unrotierten Ladungsmatrix nach der iterierten Kommunalitätenschätzung. Wir können erkennen, daß sich hier niedrigere Werte ergeben als unter (5). Besonders deutlich wird dies etwa für die Variable SD09 (.62595 und .61579 nach der Haupt-kommponentenanalyse sowie .59576 und .53165 nach der Hauptachsen-methode) Da hier (nach neun Iterationen) eine Konvergenz der Kommunalitätenschätzung ereicht wurde, ist dies die zuverlässigere Lösung. Die Größenrelation bezüglich der Faktorladungen ist durchgängig: (5) größer (7).

Wir sehen daraus, daß die Art der Kommunalitätenschätzung einen erkennbaren Einfluß auf die Höhe der Faktorladungen hat.

```
-------------------------------------------------------------------------
Page   2                        SPSS/PC+                          7/23/86

This procedure was completed at  9:06:05
title  "Darstellung der Faktorenanalyse".
subtitle "orthogonale Rotationsmethoden".
FACTOR       VARIABLES = SD03 to SD11/              --(1)
             ANALYSIS = ALL/
             PLOT = ROTATION (1,2)  (2,3)/          --(2)
             PRINT = DEFAULT/
             CRITERIA = FACTORS(3)/
             EXTRACTION = PA2/
             ROTATION = VARIMAX/                    --(3)
             ROTATION = EQUAMAX/
             ROTATION = QUARTIMAX.

This FACTOR analysis requires      11240 (      11.0K) BYTES of memory.
```

224

Page   3   Darstellung der Faktorenanalyse   7/23/86
orthogonale Rotationsmethoden

- - - -   F A C T O R   A N A L Y S I S   - - - -

Analysis Number 1 Listwise deletion of cases with missing values

Extraction 1 for Analysis 1, Principal Axis Factoring (PAF)

Initial Statistics:
```
                      ------------------------(4)-----------------------
Variable    Communality  *  Factor  Eigenvalue  Pct of Var   Cum Pct
                         *
SD03         .63170      *    1      5.84675       65.0        65.0
SD04         .82434      *    2      1.62434       18.0        83.0
SD05         .85002      *    3       .44625        5.0        88.0
SD06         .70377      *    4       .34286        3.8        91.8
SD07         .77321      *    5       .22195        2.5        94.2
SD08         .84614      *    6       .16437        1.8        96.1
SD09         .58165      *    7       .13812        1.5        97.6
SD10         .82718      *    8       .11650        1.3        98.9
SD11         .79741      *    9       .09886        1.1       100.0
```

PAF Extracted   3 factors.   9 Iterations required.

Factor Matrix:
```
              FACTOR  1      FACTOR  2      FACTOR  3
SD03           .59060         .59436         .13653      --(5)
SD04           .84805        -.35632         .14647
SD05           .91749        -.02761        -.21980
SD06           .66030         .62504         .07235
SD07           .82026        -.30475         .20211
SD08           .90656        -.12451        -.25045
SD09           .59158         .52931         .01438
SD10           .85099        -.34774         .23087
SD11           .87879        -.10308        -.22151      --(5)
```

Final Statistics:
```
Variable    Communality  *  Factor  Eigenvalue  Pct of Var   Cum Pct
                         *
SD03         .72072      *    1      5.68689       63.2        63.2
SD04         .86761      *    2      1.39176       15.5        78.7
SD05         .89086      *    3       .29979        3.3        82.0
SD06         .83190      *
SD07         .80655      *
SD08         .90009      *
SD09         .63034      *
SD10         .89841      *
SD11         .83196      *
```

Varimax   Rotation 1, Extraction 1, Analysis 1 - Kaiser Normalization.

  Varimax converged in   5 iterations.

Rotated Factor Matrix:

	FACTOR 1	FACTOR 2	FACTOR 3	
SD03	.17364	.82504	.09938	--(6)
SD04	.87221	.15648	.28702	
SD05	.59168	.40181	.61589	
SD06	.18088	.87451	.18551	
SD07	.84817	.19598	.22078	
SD08	.62221	.30904	.64610	
SD09	.15686	.74845	.21343	
SD10	.90580	.18059	.21290	
SD11	.60283	.31829	.60600	--(6)

Page   4   Darstellung der Faktorenanalyse   7/23/86
orthogonale Rotationsmethoden

            - - - - F A C T O R   A N A L Y S I S - - - -

Factor Transformation Matrix:

	FACTOR 1	FACTOR 2	FACTOR 3
FACTOR 1	.73110	.50698	.45657
FACTOR 2	-.53236	.84244	-.08300
FACTOR 3	.42671	.18238	-.88581

                  ------------------(7)---------------

Horizontal Factor 1	Vertical Factor 2		Symbol	Variable	Coordinates	
I			1	SD03	.174	.825
I 4			2	SD04	.872	.156
I 7 1			3	SD05	.592	.402
I			4	SD06	.181	.875
I			5	SD07	.848	.196
I			6	SD08	.622	.309
I	3		7	SD09	.157	.748
I	9		8	SD10	.906	.181
I	5		9	SD11	.603	.318
I	2 8					
I						
----------------------+-------------------------------
I	
I	
I	
I	
I	
I	
I	
I	
I	

```
   Horizontal Factor  2    Vertical Factor  3        Symbol Variable   Coordinates

                      I                                  1    SD03       .825    .099
                      I                                  2    SD04       .156    .287
                      I                                  3    SD05       .402    .616
                      I                                  4    SD06       .875    .186
                      I        9 3                       5    SD07       .196    .221
                      I                                  6    SD08       .309    .646
                      I                                  7    SD09       .748    .213
                      I 2                                8    SD10       .181    .213
                      I  8            7                  9    SD11       .318    .606
                      I                  4
                      I                  1
----------------------+------------------------
                      I
                      I
                      I
                      I
                      I
                      I
                      I
                      I
                      I
                      I
```

Page   5   Darstellung der Faktorenanalyse   7/23/86
orthogonale Rotationsmethoden

- - - -   F A C T O R   A N A L Y S I S   - - - -

Equamax   Rotation 2, Extraction 1, Analysis 1 - Kaiser Normalization.

  Equamax converged in   8 iterations.

Rotated Factor Matrix:

              FACTOR 1   FACTOR 2   FACTOR 3

SD03   .15665   .82082   .14978   --(8)
SD04   .80376   .14121   .44905
SD05   .46794   .38197   .72526
SD06   .14788   .86828   .23689
SD07   .79281   .18242   .38043
SD08   .49171   .28825   .75843
SD09   .11833   .74188   .25680
SD10   .85080   .16663   .38313
SD11   .48026   .29859   .71565   --(8)

Factor Transformation Matrix:

              FACTOR 1   FACTOR 2   FACTOR 3

FACTOR 1   .63537   .48926   .59744
FACTOR 2   -.50249   .84942   -.16122
FACTOR 3   .58636   .19777   -.78554

Quartimax Rotation 3, Extraction 1, Analysis 1 - Kaiser Normalization.

Quartimax converged in   5 iterations.

Rotated Factor Matrix:

	FACTOR 1	FACTOR 2	FACTOR 3	
SD03	.29928	.79196	-.06274	--(9)
SD04	.91749	.03106	-.15765	
SD05	.85409	.32189	.24038	
SD06	.35166	.84155	.00593	
SD07	.87048	.07234	-.20876	
SD08	.88355	.22625	.26122	
SD09	.32815	.72104	.05254	
SD10	.91549	.04842	-.24071	
SD11	.84907	.23746	.23377	--(9)

Factor Transformation Matrix:

	FACTOR 1	FACTOR 2	FACTOR 3
FACTOR 1	.91527	.40197	.02654
FACTOR 2	-.40258	.91027	.09662
FACTOR 3	-.01468	.09912	-.99497

Page   7   Darstellung der Faktorenanalyse   7/23/86
orthogonale Rotationsmethoden
                    ------------------(10)-------------
   Horizontal Factor 1   Vertical Factor 2   Symbol Variable   Coordinates

```
                    I                               1   SD03      .299    .792
                    I    4                          2   SD04      .917    .031
                    I    1                          3   SD05      .854    .322
                    I    7                          4   SD06      .352    .842
                    I                               5   SD07      .870    .072
                    I                               6   SD08      .884    .226
                    I                               7   SD09      .328    .721
                    I                  3            8   SD10      .915    .048
                    I                  9            9   SD11      .849    .237
                    I
                    I              5 8
--------------------------+----------------------
                    I
                    I
                    I
                    I
                    I
                    I
                    I
                    I
                    I
                    I
```

228

```
                     -------------------(10)----------------------
Horizontal Factor  2    Vertical Factor  3       Symbol  Variable    Coordinates
                        I                            1    SD03        .792   -.063
                        I                            2    SD04        .031   -.158
                        I                            3    SD05        .322    .240
                        I                            4    SD06        .842    .006
                        I                            5    SD07        .072   -.209
                        I                            6    SD08        .226    .261
                        I                            7    SD09        .721    .053
                        I                            8    SD10        .048   -.241
                        I  9 3                        9    SD11        .237    .234
                        I
                        I                   7
------------------------+------------------------------
                        I                   1 4
                        2
                        8
                        I
                        I
                        I
                        I
                        I
                        I
```

(1)   Aufruf der Faktorenanalyse.

(2)   Über die Spezifikation des Unterkommandos PLOT = ROTATION (1,2)
        wird erreicht, daß die Lage der Variablen im Raum der gemeinsamen
        Faktoren grafisch dargestellt wird. Die Angabe von (1,2) bewirkt
        dabei, daß der erste und zweite Faktor die Koordinaten darstellen.

(3)   Hier wurde von der Möglichkeit Gebrauch gemacht innerhalb eines
        Extraktionsblockes mehrere Rotationsblöcke anzufordern.

(4)   Ausgabe der geschätzten Kommunalitäten und Eigenwerte.

(5)   Ausgabe der unrotierten Ladungsmatrix. Diese Matrix ist für alle
        drei Rotationsverfahren als Ausgangsmatrix gleich.

(6)   Ausgabe der Varimax-rotierten Ladungsmatrix. Hier wird erkennbar,
        daß die Extraktion von drei Faktoren berechtigt war. Diese drei
        Faktoren repräsentieren die Variablen erlebte Vielfältigkeit,
        Natürlichkeit und Attraktivität zwar nicht exakt. Es ist jedoch
        erkennbar, daß die Polaritäten SD04, SD07 und SD10 (als Repräsen-
        tanten der erlebten Natürlichkeit) besonders auf dem ersten Faktor
        laden. Die Polaritäten SD03, SD06 und SD09 (erlebte Vielfältigkeit)
        laden besonders auf dem zweiten Faktor. Die Polaritäten SD05, SD08
        und SD11 (erlebte Attraktivität) konstituieren trotz beträchtlicher
        Doppelladungen den dritten Faktor. Anzumerken ist weiterhin, daß
        bei der Extraktion nur der Eigenwert von zwei Faktoren größer als
        1.0 war. Nach der Rotation lassen sich als Eigenwerte für den
        ersten Faktor 3.49, für den zweiten Faktor 2.46 und schließlich für
        den dritten Faktor 1.48 errechnen[1]. Nach dem Eigenwertkriterium
        wären nur zwei Faktoren extrahiert worden.

(7)   Ausgabe der Faktor-Plots als grafische Interpretation der rotierten
        Faktorenlösung. Es werden hier zwei Plots ausgegeben, nämlich für
        den ersten und zweiten Faktor und für den zweiten und dritten
        Faktor.

----
[1] Für die rotierten Faktoren berechnet SPSS keine Eigenwerte.

(8)   Ausgabe der equimax-rotierten Ladungsmatrix. Auch hier zeigt sich
        die Berechtigung der Annahme von drei Faktoren. Inhaltlich sind
        diese Faktoren analog zur varimax-rotierten Faktorenlösung
        interpretierbar (deshalb wird hier auf die Darstellung des
        Faktoren-Plotes verzichtet). Auch hier sind die Eigenwerte der drei
        Faktoren größer als 1.0.

(9)   Ausgabe der quartimax-rotierten Ladungsmatrix. Dieses Ergebnis
        unterscheidet sich beträchtlich von den varimax- und equimax-
        rotierten Lösungen. Der dritte Faktor weist keine nennenswerten
        Ladungen auf und sollte eigentlich unberücksichtigt bleiben. Die
        Polaritäten, die díe erlebte Natürlichkeit und Attraktivität
        messen, konstituieren dagegen hier zusammen den ersten Faktor.
        Aufgrund unserer theoretischen Vorüberlegungen und der Konzeption
        unseres Meßinstrumentes erscheint uns diese Lösung als unbe-
        friedigend.

(10)   Ausgabe des Faktorenplotes nach der Quartimax-Rotation für den
        ersten und zweiten Faktor. Die Lösung ist für die ersten beiden
        Faktoren der der Varimax-Rotation sehr ähnlich, mit der Einschrän-
        kung, daß die Polaritäten, die die Attraktivität messen stärker auf
        dem Natürlichkeitsfaktor laden als bei der Varimax-Rotation.

(11)   Ausgabe des Faktoren-Plotes für die Faktoren zwei und drei nach der
        Quartimax-Rotation. Hier weisen alle Variablen auf dem dritten
        Faktor nur niedrige Ladungen auf.

Insgesamt haben wir gesehen, daß die drei Rotationsverfahren zu unterschiedlichen Lösungen führen können (im Gegensatz zu den Ausführungen von
ARMINGER 1979, S. 94 f.). Welches Lösungsverfahren vorzuziehen ist, kann
dabei nur im Einzelfall und unter Berücksichtigung theoretischer Aspekte
entschieden werden.

9.1.5 Die Berechnung und Weiterverarbeitung von Faktorwerten in SPSS

Hat man eine befriedigende Faktorlösung gefunden, wie in unserem Falle
die dreifaktorielle varimax-rotierte Lösung, so kann man sich Schätzwerte
für die zugrunde liegenden theoretischen Variablen errechnen und damit
eine Datenreduktion (von neun Variablen auf drei Faktoren) bewirken.

In der Praxis werden unterschiedliche Verfahren für die Schätzung der
theoretischen Variablen angewandt. In Anschluß an die Faktorenanalyse ist
jedoch die Berechnung von Faktorenwerten und deren Weiterverarbeitung die
eleganteste Lösung. Für jede Person wird für jeden Faktor ein Faktorwert
errechnet. SPSS/PC+ bietet dafür drei verschiedene Verfahren an:

- die Regressionsmethode,
- die Bartlett-Methode und
- die Anderson-Rubin-Methode.

Das bekannteste und am meisten angewandte Verfahren ist die Berechnung
nach der Regressionsmethode. Die ist in SPSS Voreinstellung.

Die Faktorwerte sind z-verteilt, d.h. sie haben den Mittelwert 0.0 und
die Standardabweichung 1.0. Dies gilt unabhängig von dem Eigenwert bzw.
dem Anteil der erklärten Varianz des betreffenden Faktors. Werden die
Faktorwerte in Anschluß an eine orthogonale Rotation ermittelt, so sind
die Faktorwerte verschiedener Faktoren wechselseitig unkorreliert. (Dies
kann bei anderen Verfahren der Schätzung von theoretischen Variablen
nicht erwartet werden.)

In der Prozedur FACTOR kann über das Unterkommando SAVE im Rotations-
Block die Berechnung der Faktorwerte angefordert werden. Diese werden mit
in die aktive Datei aufgenommen, stehen für weitere Analysen zur
Verfügung und können durch das Kommando SAVE FILE = permanent in einer
SPSS-Systemdatei abgespeichert werden.

Wir zeigen dies an folgendem Beispiel:

Page   2   SPSS/PC+   7/23/86

This procedure was completed at 17:01:06
title   "Darstellung der Faktorenanalyse".
subtitle "Erzeugung und Weiterverarbeitung von Faktorwerten".
FACTOR   VARIABLES = SD03 to SD11/
                ANALYSIS = ALL/
                PRINT = DEFAULT/
                CRITERIA = FACTORS(3)/
                EXTRACTION = PA2/
                SAVE REG (3,FAK)/   --(1)
                ROTATION = VARIMAX.

This FACTOR analysis requires   11868 (11.6K) BYTES of memory.

Final Statistics:

Variable	Communality	*	Factor	Eigenvalue	Pct of Var	Cum Pct
		*				
SD03	.72072	*	1	5.68689	63.2	63.2
SD04	.86761	*	2	1.39176	15.5	78.7
SD05	.89086	*	3	.29979	3.3	82.0
SD06	.83190	*				
SD07	.80655	*				
SD08	.90009	*				
SD09	.63034	*				
SD10	.89841	*				
SD11	.83196	*				

Varimax   Rotation 1, Extraction 1, Analysis 1 - Kaiser Normalization.

   Varimax converged in   5 iterations.

Rotated Factor Matrix:

	FACTOR 1	FACTOR 2	FACTOR 3	
SD03	.17364	.82504	.09938	--(2)
SD04	.87221	.15648	.28702	
SD05	.59168	.40181	.61589	
SD06	.18088	.87451	.18551	
SD07	.84817	.19598	.22078	
SD08	.62221	-.30904	.64610	
SD09	.15686	.74845	.21343	
SD10	.90580	.18059	.21290	
SD11	.60283	.31829	.60600	--(2)

	FACTOR 1	FACTOR 2	FACTOR 3
FACTOR 1	.73110	.50698	.45657
FACTOR 2	-.53236	.84244	-.08300
FACTOR 3	.42671	.18238	-.88581

233

```
FOLLOWING FACTOR SCORES WILL BE ADDED TO THE ACTIVE FILE:      --(3)

   NAME       LABEL

FAK1       REGR FACTOR SCORE  1 FOR ANALYSIS    1
FAK2       REGR FACTOR SCORE  2 FOR ANALYSIS    1
FAK3       REGR FACTOR SCORE  3 FOR ANALYSIS    1
-----------------------------------------------------------------------------
Page   5   Darstellung der Faktorenanalyse                          7/23/86
Erzeugung und Weiterverarbeitung von Faktorwerten

This procedure was completed at 17:06:08
DESCRIPTIVES  VARIABLES = FAK1 to FAK3/               --(4)
            OPTIONS = 6/
            STATISTICS = 13.
-----------------------------------------------------------------------------
Page   6   Darstellung der Faktorenanalyse                          7/23/86
Erzeugung und Weiterverarbeitung von Faktorwerten


Number of Valid Observations (Listwise) =      237.00

Variable  FAK1      REGR FACTOR SCORE   1 FOR ANALYSIS     1

Mean          -.000                 Std Dev         .953  --(5)
Minimum    -1.89644                 Maximum       1.99213

Valid Observations -     237        Missing Observations -       3

 - - - - - - - - - - - - - - - - - - - - - - - - - - - - - - - - -

Variable  FAK2      REGR FACTOR SCORE   2 FOR ANALYSIS     1

Mean           .000                 Std Dev         .935  --(5)
Minimum    -2.07589                 Maximum       2.49541

Valid Observations -     237        Missing Observations -       3

 - - - - - - - - - - - - - - - - - - - - - - - - - - - - - - - - -

Variable  FAK3      REGR FACTOR SCORE   3 FOR ANALYSIS     1

Mean          -.000                 Std Dev         .874  --(5)
Minimum    -2.79843                 Maximum       2.21991

Valid Observations -     237        Missing Observations -       3

 - - - - - - - - - - - - - - - - - - - - - - - - - - - - - - - - -
```

(1) Aufruf der Faktorenanalyse nach der Hauptachsenmethode mit iterierter Kommunalitätenschätzung. Extrahiert werden drei Faktoren, bedingt durch das Unterkommando CRITERIA = FACTORS(3)/. Nach der Faktorenextraktion erfolgt eine Varimax-Rotation für die gewünschte dreifaktorielle Lösung.

Für die varimax-rotierten Faktoren werden, bedingt durch das Unterkommando SAVE, die Faktorwerte berechnet. Die Spezifikation REG bewirkt, daß die Regressionsmethode angewandt wird. In Klammern ist anzugeben für wieviele Faktoren die Faktorwerte berechnet werden sollen, und wie die Variablennamen für die Faktorenwerte beginnen sollen (in unserem Fall FAK). SPSS ergänzt die Namen der neuen Variablen mit einer laufenden Nummerierung.

Treten bei einer oder mehr Variablen fehlende Werte auf, wird für den betreffenden Fall "." (als Kennzeichnung des "system missing value") für die Faktorwerte ausgegeben.

(2) Ausgabe der varimax-rotierten Faktoren-Ladungsmatrix. Diese wurde inhaltlich bereits besprochen. Diese Ladungsmatrix dient als Ausgangsbasis für die Berechnung der Faktorwerte.

(3) Meldung von SPSS, daß die Ausgabe der Faktorwerte auf die aktive Datei erfolgte. Dabei werden die Namen der neuerzeugten Variablen mit ausgegeben.

(4) Nach Abschluß der Faktoranalyse stehen die neuerzeugten Variablen für weitere Analysen -in unserem Falle für die Ermittlung deskriptiver Kennwerte- zur Verfügung.
Die Spezifikation des Unterkommandos STATISTICS = 13 in der Prozedur DESCRIPTIVES bewirkt, daß Mittelwert, Standardabweichung, Minimum und Maximum als statistische Kennwerte ausgegeben werden.

(5) Ausgabe der Ergebnisse der Prozedur DESCRIPTIVES. Die Faktorwerte sind z-standardisiert; d.h. sie haben den Mittelwerte 0.0 und die Standardabweichung 1.0. Die geringfügigen Abweichungen unseres Beispiels sind auf den Ausschluß von drei Fällen zurückzuführen.

9.2 Die Item-Gesamtwert-Korrelation

Ebenso wie mit der Faktorenanalyse können mit Hilfe der Item-Gesamtwert-Korrelation die Variablen identifiziert werden, die als brauchbare Indikatoren eines theoretischen Konstruktes dienen. Mit der Item-Gesamtwert-Korrelation ist es jedoch nicht möglich einen Datensatz zu strukturieren und zugrundeliegende Dimensionen empirisch (also theorie-frei) zu bestimmen, wie dies etwa mit der Faktorenanalyse häufig geschieht.

Anders als bei der Faktorenanalyse sind bei der Item-Gesamtwert-Korrelation Vorabannahmen erforderlich, welche Items zusammengehören. Da wir uns bei der Erstellung des Meßinstrumentes auf ein baukastenartiges Semantisches Differential (vgl. BAUER 1981) gestützt haben, können wir die ausgewählten Erlebnisdimensionen als theoretische Variablen und die dazugehörigen Polaritäten als deren Indikatoren auffassen.

Damit haben wir die erlebte Vielfältigkeit mit den Polaritäten:

               eintönig - vielfältig
               monoton - abwechslungsreich
               öde   - kontrastreich

die erlebte Natürlichkeit mit den Polaritäten:

               technisch - natürlich
               künstlich - ursprünglich
               entstellt - unverfälscht

und die erlebte Attraktivität mit den Polaritäten:

               häßlich   - schön
               abstoßend - anziehend
               unfreundlich - freundlich
operationalisiert.

Mit Hilfe der Item-Gesamtwert-Korrelation, die auch als Trennschärfe-berechnung bezeichnet wird (vgl. KLAPPROTT 1975, S. 47 ff.), kann nun geprüft werden, ob die Items mit der Summe der anderen Items hinreichend hoch korrelieren. Diese Summe der anderen Items ist eine Schätzung der zugrunde liegenden theoretischen Variable.

9.2.1. Darstellung des Grundprinzips

Unter den Voraussetzungen, daß die Meßfehler der Indikatoren nicht miteinander korrelieren, und daß die Variation der Indikatoren vornehmlich durch die Variation der theoretischen Variablen beeinflußt wird, stellt die Summe der Meßwerte der Indikatoren einen besseren Schätzwert für die theoretische Variable dar als der Meßwert eines einzelnen Indikators, da bei der Summenbildung mit einem Ausgleich zufälliger, d.h. unkorrelierter, Fehler zu rechnen ist.

Während die erste Voraussetzung, die Unkorreliertheit der Meßfehler, ungeprüft vorausgesetzt werden muß, bietet die Item-Gesamtwert-Korrelation die Möglichkeit, die zweite Voraussetzung, die Stärke der Abhängigkeit von der theoretischen Variablen zu überprüfen.

Dazu sind jedoch weitere Voraussetzungen erforderlich:

> Nur solche Items sollen in die Analyse aufgenommen werden, die eine hinreichende inhaltliche Validität (face validity) besitzen.

> Weiterhin sollte darauf geachtet werden, daß die Variablen eine annähernd symmetrische Verteilung aufweisen.

Man kann über diese Items für jede Person einen Summenwert bilden. Die einzelnen Items müssen hinreichend hoch mit dem Summenwert korrelieren. Items, die nur relativ niedrig mit dem Summenwert korrelieren, können als unbrauchbare Indikatoren interpretiert werden und sollten eliminiert werden. Durch die Elimination unbrauchbarer Indikatoren steigt in der Regel die Korrelation zwischen den verbleibenden Items und dem neuge-bildeten Summenwert. Wird eine theoretische Variable durch eine relativ geringe Anzahl von Items (weniger als zehn) repräsentiert, so taucht ein zusätzliches Problem auf:

Da das Item bei der Berechnung des Summenwertes berücksichtigt wird, ist ein beträchtlicher Teil der Korrelation artifiziell, nämlich die Kor-relation des Items mit sich selbst. Hier behilft man sich, indem die Korrelation des Items mit der Summe aller anderen Items berechnet wird.

Für den Fall der Variablen SD03, SD06 und SD09 wird SD03 mit dem Summenscore von SD06 und SD09 korreliert. Man spricht in diesem Falle von der
korrigierten Item-Gesamtwert-Korrelation.

Es ist noch anzumerken, daß die Item-Gesamtwert-Korrelation für jede
theoretische Variable getrennt durchgeführt wird und daß deshalb keine
Annahmen über die Stärke des Zusammenhanges zwischen den theoretischen
Variablen getroffen werden müssen. (Bei der Faktorenanalyse mit ortho-
gonaler Rotation wird zumindest implizit die Annahme getroffen, die
Faktoren seien unkorreliert.)

9.2.2. Das Vorgehen bei der Itemselektion

Ausgehend von der Annahme, daß die Summe der "brauchbaren" Indikatoren
eine Schätzung für die Ausprägung der zugrunde liegenden theoretischen
Variablen darstellt, müssen die einzelnen Indikatoren hinreichend hoch
mit dem Summenwert korrelieren.

Ab wann eine Korrelation als hinreichend hoch gilt, ist letztendlich eine
konventionelle Setzung. Man kann sagen, daß bei r = .70 etwa 50 % der
Variation des Indikators durch die Variation der theoretischen Variablen
erklärt wird. KLAPPROTT (1975, S. 49) nennt r = .40 bei wenigen und
r = .30 bei relativ vielen Items als Untergrenze für eine zufrieden-
stellende Item-Gesamtwert-Korrelation. Dabei werden jedoch nur noch 16 %
bzw. 9 % der Variation des Items durch die theoretische Variable erklärt.
Dies scheint uns ein zu geringer Betrag zu sein, wir schlagen deshalb
r = .50 als Untergrenze vor, dabei werden noch 25 % der Variation erklärt.

Liegt die Korrelation eines Items mit dem Summenwert unter r = .50, so
sollte dieses Item als unbrauchbarer Indikator eliminiert werden. Nun
kann man manchmal feststellen, daß mehrere Korrelationskoeffizienten
unter der Untergrenze liegen. In diesem Falle empfiehlt sich dringend
eine schrittweise Eliminierung. Dabei wird zunächst das Item mit der
niedrigsten Korrelation zum Gesamtwert ausgeschlossen. Dann wird erneut
eine Item-Gsamtwert-Korrelation berechnet. Dabei kann man oft feststellen, daß sich die Korrelation der verbleibenden Items mit dem
Summenwert beträchtlich erhöht. Liegen nun weitere Korrelationen unter
der Untergrenze, so wird wiederum das Item mit der niedrigsten
Korrelation zum Summenwert eliminiert.

9.2.3 Die Item-Gesamtwert-Korrelation in SPSS-X

Die Item-Gesamtwert-Korrelation ist nur in SPSS-X über die Prozedur
RELIABILITY verfügbar.

Dabei ist es möglich, in einem Prozeduraufruf für mehrere theoretische
Variablen die Analyse durchzuführen.

In der folgenden Liste wird die Item-Gesamtwert-Korrelation für die
Erlebnisdimensionen des Semantischen Differentials dargestellt.

```
--------------------------------------------------------------------------
   1  0            TITLE  "SKALENANALYSE"
   2  0            SUBTITLE "FUER DAS SEMANTISCHE DIFFERENTIAL"
   3  0            SET      WIDTH=80
   4 SET      LENGTH = 59
   5 FILE HANDLE   TECHNIK
   6 GET FILE = TECHNIK

FILE CALLED TECHNIK :
  LABEL:
  CREATED 24 MAR 86 14.54.14      26 VARIABLES


   7 RELIABILITY   VARIABLES = SD03 TO SD11/        --(1)
   8               SCALE(VIELFA) = SD03, SD06, SD09/
   9               SCALE(NATUER) = SD04, SD07, SD10/
  10               SCALE(ATTRAK) = SD05, SD08, SD11  --(1)
  11 STATISTICS    1,3,9                             --(2)

 ****** METHOD 2 (COVARIANCE MATRIX) WILL BE USED FOR THIS ANALYSIS ******

    73585 WORDS OF WORKSPACE AVAILABLE.
     5000 WORDS ARE USED TO SATISFY MAXIMUM WORKSPACE REQUESTS.

 ******      73 WORDS OF SPACE REQUIRED FOR RELIABILITY ******
```

R E L I A B I L I T Y   A N A L Y S I S   -   S C A L E   (V I E L F A)

1.   SD03   "EINTOENIG-VIELFAELTIG"
2.   SD06   "MONOTON-ABWECHSLUNGSREICH"
3.   SD09   "OEDE-KONTRASTREICH"

		MEAN	STD DEV	CASES	
1.	SD03	4.2532	1.5082	237.	--(3)0
2.	SD06	4.3080	1.4592	237.0	
3.	SD09	4.3966	1.4682	237.0	--(3)

                  CORRELATION MATRIX
                 SD03   SD06   SD09

	SD03	SD06	SD09	
SD03	1.0000			--(4)
SD06	.7731	1.0000		
SD09	.6644	.7220	1.0000	--(4)

       # OF CASES =   237.0

ITEM-TOTAL STATISTICS

	--(5)-- SCALE MEAN IF ITEM DELETED	--(6)-- SCALE VARIANCE IF ITEM DELETED	--(7)-- CORRECTED ITEM-TOTAL CORRELATION	--(8)-- SQUARED MULTIPLE CORRELATION	--(9)-- ALPHA IF ITEM DELETED
SD03	8.7046	7.3785	.7744	.6212	.8385
SD06	8.6498	7.3726	.8198	.6754	.7982
SD09	8.5612	7.8066	.7357	.5493	.8717

RELIABILITY COEFFICIENTS   3 ITEMS

ALPHA =   .8850   STANDARDIZED ITEM ALPHA =   .8852   --(10)

240

R E L I A B I L I T Y   A N A L Y S I S   -   S C A L E   (N A T U E R)

1.	SD04	"TECHNISCH-NATUERLICH"
2.	SD07	"KUENSTLICH-URSPRUENGLICH"
3.	SD10	"ENTSTELLT-UNVERFAELSCHT"

		MEAN	STD DEV	CASES
1.	SD04	4.3671	2.0780	237.0
2.	SD07	4.0042	1.7720	237.0
3.	SD10	3.9916	1.7466	237.0

CORRELATION MATRIX

	SD04	SD07	SD10
SD04	1.0000		
SD07	.8362	1.0000	
SD10	.8764	.8516	1.0000

OF CASES =   237.0

ITEM-TOTAL STATISTICS

	SCALE MEAN IF ITEM DELETED	SCALE VARIANCE IF ITEM DELETED	--(11)-- CORRECTED ITEM- TOTAL CORRELATION	SQUARED MULTIPLE CORRELATION	--(12)-- ALPHA IF ITEM DELETED
SD04	7.9958	11.4618	.8898	.7975	.9198
SD07	8.3586	13.7310	.8703	.7600	.9267
SD10	8.3713	13.6158	.9025	.8150	.9045

RELIABILITY COEFFICIENTS   3 ITEMS

ALPHA =   .9430   STANDARDIZED ITEM ALPHA =   .9464   --(13)

R E L I A B I L I T Y   A N A L Y S I S   -   S C A L E   (A T T R A K)

1.   SD05   "HAESSLICH-SCHOEN"
2.   SD08   "ABSTOSSEND-ANZIEHEND"
3.   SD11   "UNFREUNDLICH-FREUNDLICH"

		MEAN	STD DEV	CASES
1.	SD05	4.4051	1.7958	237.0
2.	SD08	4.4726	1.6507	237.0
3.	SD11	4.3797	1.7416	237.0

                CORRELATION MATRIX

	SD05	SD08	SD11
SD05	1.0000		
SD08	.8900	1.0000	
SD11	.8556	.8673	1.0000

    # OF CASES =   237.0

ITEM-TOTAL STATISTICS

	SCALE MEAN IF ITEM DELETED	SCALE VARIANCE IF ITEM DELETED	--(14)-- CORRECTED ITEM-TOTAL CORRELATION	SQUARED MULTIPLE CORRELATION	--(15)-- ALPHA IF ITEM DELETED
SD05	8.8523	10.7450	.9028	.8203	.9282
SD08	8.7848	11.6103	.9124	.8339	.9220
SD11	8.8776	11.2265	.8859	.7860	.9400

RELIABILITY COEFFICIENTS   3 ITEMS

ALPHA =   .9522   STANDARDIZED ITEM ALPHA =   .9529   --(16)

(1)   Aufruf der Prozedur RELIABILITY. Nach dem Schlüsselwort VARIABLES
        sind alle Variablen aufzuführen, die für Analysen im Rahmen dieser
        Prozedur benötigt werden.
        Nach dem Schlüsselwort SCALE(name) sind die Variablen für eine
        Analyse anzugeben.
        Standardmäßig berechnet RELIABILITY für die nach SCALE (...)
        spezifizierten Variablen nur das Reliabilitätsmaß Cronbach's Alpha
        (vgl. KLAPPROTT 1975, S. 82 f.). Weitere Ausgaben sind über
        STATISTICS anzufordern.

(2)   STATISTICS 1 bewirkt die Ausgabe von Mittelwert, Standard-
        abweichung und Fallzahl für jede Variable, die in einer SCALE (...)
        -Anweisung steht.
        STATISTICS 3 bewirkt die Ausgabe der Interkorrelationsmatrix
        zwischen den Variablen einer SCALE (...)-Anweisung.
        STATISTICS 9 bewirkt schließlich die Berechnung der Item-Gesamt-
        wert-Korrelation.

(3)   Ausgabe von Mittelwerten, Standardabweichungen und Fallzahlen für
        die Variablen der Erlebnisdimension Vielfältigkeit.
        Mittelwerte sowie Standardabweichungen sollten für alle Variablen
        ungefähr gleich groß sein. Dies ist in unserem Falle gegeben.

(4)   Ausgabe des unteren Dreiecks der Korrelationsmatrix.

(5)   Ausgabe des arithmetischen Mittels der aufsummierten Itemwerte für
        den Fall, daß das betreffende Item eliminiert wurde.

(6)   Ausgabe der Varianz der Summenwerte für den Fall, daß das
        betreffende Item eliminiert wurde.

(7)   Ausgabe der korrigierten Item-Gesamtwert-Korrelation. Die drei
        Korrelationskoeffizienten liegen weit über der von uns gesetzten
        Untergrenze (r = .50). Wir können damit sagen, daß die drei
        Polaritäten brauchbare Indikatoren der erlebten Vielfältigkeit
        darstellen.

(8)   Ausgabe des quadrierten multiplen Korrelationskoeffizienten des
        betreffenden Items mit den anderen Items. Dieser Koeffizient, der
        auch als Determinationskoeffizient bezeichnet wird, gibt an,
        welcher Anteil der Varianz des betreffenden Items durch die anderen
        Items erklärt wird.

(9)   Ausgabe von Cronbach's Alpha für den Fall, daß das betreffende Item
        eliminiert wird. Cronbach's Alpha ist ein Maß für die innere
        Konsistenz. Ist der hier ausgegebene Koeffizient größer als der
        unter (10) ausgegebene, so deutet dies darauf hin, daß das Item
        eliminiert werden sollte, da hierdurch die Konsistenz erhöht wird.

(10)   Ausgabe des Reliabilitätskoeffizienten Cronbach's Alpha für die
        Items, die nach SCALE (...) spezifiziert wurden. Alpha sollte
        größer als .70 sein, um eine hinreichende innere Konsistenz der
        Items anzuzeigen.
        In unserem Fall ist Alpha = .88 wesentlich höher, außerdem sind die
        unter (9) ausgegebenen Werte geringer. Die Eliminierung von
        Polaritäten ist bei der Erlebnisdimension Vielfältigkeit also nicht
        erforderlich.

(11)   Ausgabe der Item-Gesamtwert-Korrelationen für die Erlebnisdimension
        Natürlichkeit. Auch hier sind alle Werte weit über der Untergrenze
        (r = .50).

(12)   Ausgabe von Cronbach's Alpha für den Fall, daß das betreffende Item
        eliminiert wird. Alle Werte sind kleiner als der unter (13)
        ausgegebene Wert.
        Auch für die Erlebnisdimension Natürlichkeit haben sich alle
        Polaritäten als brauchbare Indikatoren erwiesen.

(13)   Ausgabe von Cronbach's Alpha für die Indikatoren der
        Erlebnisdimension Natürlichkeit. Auch hier zeigt sich eine
        zufriedenstellende innere Konsistenz der Indikatoren.

(14)   Ausgabe der Item-Gesamtwert-Korrelationen für die Erlebnis-
        dimensionen Attraktivität. Alle Werte liegen weit über der
        Untergrenze.

(15) Ausgabe von Cronbach's Alpha für den Fall, daß das betreffende Item eliminiert wird. Alle Werte sind kleiner als der unter (16) ausgegebene Wert. Somit haben sich auch die Polaritäten der Erlebnisdimension Attraktivität als brauchbare Indikatoren erwiesen.

(16) Ausgabe von Cronbach's Alpha für die Indikatoren der Erlebnisdimension Attraktivität. Auch hier ergibt sich eine hohe innere Konsistenz der Indikatoren.

9.2.4. Bildung von Summenwerten

Die brauchbaren Indikatoren einer theoretischen Variablen können nun zu einem Summenscore zusammengefaßt werden. Dabei ist folgendes zu beachten:

Weisen alle Variablen die gleichen Ausprägungen, annähernd gleiche Mittelwerte und Standardabweichungen auf, so kann einfach aufsummiert werden.

Haben die Variablen jedoch unterschiedliche Skalenstufen (z.B. fünf-stufige und siebenstufige Skalen), unterschiedliche Mittelwerte und Standardabweichungen, so sollte zuerst eine z-Transformation der Variab-len erfolgen. Die z-Transformation ergibt sich als:

(Meßwert - arithm. Mittel) / Standardabweichung.

Die Werte für Mittelwert und Standardabweichung können über die Prozeduren FREQUENCIES oder DESCRIPTIVES (in SPSS-X CONDESCRIPTIVE) berechnet werden. Sie sind jedoch auch in der Prozedur RELIABILITY über STATISTICS 1 verfügbar.Die Prozedur DESCRIPTIVES liefert zusätzlich über OPTIONS 3 die Möglichkeit, z-transformierte Werte auszugeben. Bestehen die Summenwerte für mehrere theoretische Variablen aus jeweils unter-schiedlich vielen Items, so kann zum besseren Vergleich eine Standar-disierung zweckmäßig sein. Dabei wird der Summenwert durch die Anzahl der Variablen dividiert, die aufsummiert werden. Die SPSS-Anweisung für die Berechnung des Summenwertes der erlebten Attraktivität lauten:

a) im einfachsten Fall:

    COMPUTE   ATTRAK = SD05 + SD08 + SD11

b) im standardisierten Fall:

    COMPUTE   ATTRAK = (SD05 + SD08 + SD11)/3

c) im Fall von z-Transformationen:

    COMPUTE   ATTRAK = ((SD05 - 4.41)/1.8 + (SD08 - 4.47)/1.65 +
                             (SD11 - 4.38)/1.74/3.

9.3. Vergleich von Faktorenanalyse und Item-Gesamtwert-Korrelation

Nach der Darstellung der beiden Verfahren zur Datenreduktion stellt sich die Frage, welches der beiden Verfahren vorzuziehen ist. Die Beantwortung dieser Frage ist sehr stark von dem Ziel abhängig, das mit der Anwendung der Verfahren erreicht werden soll.

Geht es allein um die Datenreduktion und die damit verbundene Umverteilung der Varianz, so ist die Faktorenanalyse ein sehr effizientes Verfahren.

Die Darstellung zugrunde liegender theoretischer Variablen in einem Satz von Indikatoren kann mit Hilfe der Faktorenanalyse nur dann erfolgreich durchgeführt werden, wenn die Daten dem Modell der Faktorenanalyse entsprechen. Das bedeutet, daß die zugrundeliegenden Dimensionen wechselseitig annähernd unabhängig sein müssen. Ist das nicht der Fall, so stellen die Faktoren nur ungenügende Schätzungen der zugrundeliegenden theoretischen Variablen dar.

Die Anwendung der Item-Gesamtwert-Korrelation vermeidet die unbefriedigend gelösten Probleme der Faktorenanalyse (Kommunalitätenschätzung usw.). Die Item-Gesamtwert-Korrelation setzt nur einfache, unmittelbar einsichtige Modellannahmen voraus. Sie erfordert jedoch erhebliches Geschick, wenn sie auf einen Variablensatz unbekannter Dimensionalität angewandt werden soll. Denn bei der Item-Gesamtwert-Korrelation müssen für einen effektiven Einsatz Vorannahmen über die Zugehörigkeit von Item zu bestimmten Dimensionen getroffen werden.

Das Argument, daß die Faktorenanalyse gleichsam automatisch - ohne
Einwirkung des Forschers - die objektiv richtige Lösung liefert, ist
irreführend. Wie wir bei der Darstellung der Rotationsverfahren sahen,
ergab sich bei den Rotationen nach dem Varimax-Kriterium und nach dem
Equimax-Kriterium eine sinnvoll interpretierbare dreifaktorielle
Struktur, obwohl nach dem Eigenwertkriterium nur zwei Faktoren zu
extrahieren waren.
Man sieht also, daß auch die Lösungen der Faktorenanalyse von den
Entscheidungen des Forschers abhängen (und sei es nur die Entscheidung,
mangels eigener Kompetenz, die Voreinstellungen eines Programmpaketes zu
akzeptieren).

Zum Schluß wollen wir uns noch mit der Frage auseinandersetzen, wie
konsistent die Ergebnisse der Faktorenanalyse und der Item-
Gesamtwert-Korrelation über verschiedene Teilstichproben sind.

Zu diesem Zweck wurden für das Bild S, für die Bilder Bo und Bm und für
die Bilder Ao und Am jeweils getrennte Faktorenanalysen und Item-
Gesamtwert-Analysen durchgeführt. Als Ergebnis kann - auf das Wesentliche
beschränkt - folgendes festgehalten werden:

Bei der Faktorenanalyse ergab sich bei den Anlysen für das Bild S und die
Bilder Bm und Bo jeweils eine sinnvoll interpretierbare dreifaktorielle
Struktur. Allerdings konstituiert bei Bild S die erlebte Vielfältigkeit
(SD03, SD06, SD09) den ersten Faktor, bei den Bildern Bm und Bo laden
dagegen die Natürlichkeitsitems (SD04, SD07, SD10) auf dem ersten Faktor.
Die Polaritäten der erlebten Attraktivität kontituieren jeweils den
dritten Faktor mit relativ hohen Mehrfachladungen auf den beiden anderen
Faktoren. Für die Bilder Am und Ao ergab sich aufgrund der Spezifikation
CRITERIA = FACTORS(3) ebenfalls eine dreifaktorielle Struktur. Von dieser
sind jedoch nur die ersten zwei Faktoren sinnvoll zu interpretieren. Die
Polaritäten der Natürlickeit und Attraktivität laden hoch auf dem ersten
Faktor. Die Polaritäten der erlebten Vielfältigkeit laden hoch auf dem
zweiten Faktor. Der dritte Faktor weist nur mittelhohe Ladungen von den
Variablen der erlebten Attraktivität auf (SD05 = .300, SD08 = .438,
SD11 = 422) und sollte nicht interpretiert werden.

Bei der Item-Gesamtwert-Korrelation ergaben sich dagegen bemerkenswert
konstante Korrelationen:

Für die Polarität "eintönig - vielfältig" (SD03) bewegen sich die
Korrelationskoeffizienten zwischen r = .699 und r = 788, für
"monoton - abwechslungsreich" (SD06) zwischen r = .789 und r = .823 und
für "öde - kontrastreich" (SD09) zwischen r = .656 und r = .765.

Analog dazu ergab sich auch für die erlebte Natürlichkeit eine hohe
Konsistenz. Die Korrelationkoeffizienten liegen für die Polarität
"technisch - natürlich" (SD04) zwischen r = .733 und r = .889, für
"künstlich - ursprünglich" (SD07) zwischen r = .735 und r = .879 und für
"entstellt - unverfälscht" (SD10) zwischen r = .774 und r = .887.

Auch für die erlebte Attraktivität ergibt sich das gleiche Bild:
Für "häßlich - schön" (SD05) liegt r zwischen r = .827 und r = .894, für
"abstossend - anziehend" (SD08) zwischen r = .837 und r = .893 und für
"unfreundlich - freundlich" (SD11) zwischen r = .887 und r = .738.

Insgesamt zeigen diese Ergebnisse, daß mit Hilfe der Itemgesamtwert-
Korrelation konsistentere Resultate erzielt werden können als mit der
Faktorenanalyse. Dies liegt daran, daß bei den verschiedenen zu
beurteilenden Landschaftsbilder jeweils unterschiedliche Zusammenhänge
zwischen den theoretischen Variablen auftreten. Diese bleiben bei der
Item-Geasmtwert-Korrelation ohne Effekte auf die Ergebnisse. Die unterschiedlichen Lösungen der Faktorenanalyse lassen sich dadurch erklären,
daß die verschieden korrelierenden Variablencluster jeweils durch eine
orthogonale Faktorenstruktur repräsentiert werden.

10. Anmerkungen zu SPSS/PC, SPSS-X und früheren SPSS-Versionen

Anfang der siebziger Jahre wurde SPSS in den ersten Universitätsrechen-
zentren in Europa eingesetzt. Damals wurde vorwiegend mit der Programmversion 4 gearbeitet. Als Eingabemedium sowohl für die SPSS-Anweisungen
als auch für die Daten dienten Lochkarten. Die Syntax von SPSS war auf
dieses Eingabemedium ausgerichtet. Es war ein festes Format vorge-
schrieben, die SPSS-Anweisungen begannen in der Spalte 1, die Spezifikationen (problemabhängigen Parameter) waren ab der Spalte 16
einzugeben.
In Abständen von etwa zwei Jahren folgten jeweils weitere SPSS-Versionen.
Diese enthielten neue Statistik-Prozeduren und meist auch erweiterte
Möglichkeiten der Datenmodifikation und -selektion.

Alle diese Programmversionen bis einschließlich der Version SPSS 9 hatten
bezüglich der Datenhaltung eine erhebliche Restriktion, da SPSS nur die
Verarbeitung von rechteckigen Datensätzen erlaubte.

Anfang 1983 kündigte SPSS-Inc. mit der Programmversion SPSS-X eine
weitgehende Überarbeitung des Programmpaketes an.

Eine der wichtigsten Verbesserungen von SPSS-X ist sicherlich die
Möglichkeit auch nicht-rechteckige (z. B. hierarchische) Datenstrukturen
zu verarbeiten.

Weiterhin kamen wiederum neue Statistikprozeduren sowie neue
mathematische und kaufmännische Funktionen im Bereich der
Datenmodifikation dazu.

Befehle z.B. zum Dateienhandling, die früher als Parameter beim SPSS-
Aufruf anzugeben waren, sind nun in den Befehlsvorrat von SPSS integriert
(z.B. das FILE HANDLE-Kommando oder das SET-Kommando). Dies erleichtert
den Wechsel zwischen verschiedenen Betriebssystemen.

SPSS erlaubt nun eine nahezu formatfreie Eingabe der Anweisungen und hat
damit eine häufige Ursache für Syntax-Fehler (Spezifikationen begannen
vor der Spalte 16) eliminiert. Will man die Eingaben übersichtlich
gestalten, so sollte man dennoch -wie früher - die Spezifikationen (oder
Unterkommandos) durch Einrücken von den Kommandos trennen.

Eine gewisse Umstellung für den Benutzer früherer Versionen erfordert die
Definition von Variablen- und Werte-Ettiketten (VARIABLE LABELS und
VALUE LABELS), da diese nun in Anführungszeichen oder Hochkommata
eingeschlossen werden müssen.

Einige Prozeduren (z.B. FREQUENCIES, REGRESSION, FACTOR oder MANOVA)
wurden gegenüber früheren Programmversionen weitgehend oder vollständig
überarbeitet. Dies hat unter anderem zur Folge, daß in einigen Prozeduren
spezielle Berechnungsverfahren, die Behandlung fehlender Werte und die
Anforderung zusätzlicher statistischer Kennwerte über die OPTIONS- und
STATISTICS-Karte erfolgt. In den überarbeiteten Prozeduren sind dafür
Unterkommandos wie PRINT, PLOT, METHOD oder CRITERIA vorgesehen. Dabei
wird auch eine gewisse Parallelität zu dem Programmpaket BMDP erkennbar.
Es ist damit zu rechnen, daß in künftigen Versionen weitere Statistik-
prozeduren auf diesen Standard umgestellt werden.

Aus unserer Sicht liegt ein großer Vorteil dieser neuen Prozeduren in der
größeren (psychologischen) Hemmschwelle, die sich durch den Aufruf
unbekannter Verfahren über Schlüsselwörter ergibt, im Vergleich zu den
früheren Anforderungen über die OPTIONS-Nummern.

SPSS/PC wurde parallel zu SPSS-X für Personal-Computer entwickelt. Dies
war aufgrund der erheblich gestiegenen Leistungsfähigkeit und der stetig
steigenden Speicherkapazität der PC's möglich. Dennoch hat die PC-Version
von SPSS gegenüber der Großrechnerversion einen erheblich eingeschränkten
Leistungsumfang:

SPSS/PC und auch die erweiterte Version SPSS/PC+ können nur rechteckige
Datenstrukturen verarbeiten. Dieser Nachteil kann jedoch leicht gemildert
werden, wenn ergänzend zu SPSS ein leistungsfähiges Datenbanksystem
(z. B. dBase III) zur Erfassung und Verwaltung der Daten eingesetzt wird.
Die in unserem Beispiel erfolgte redundante Erfassung bestimmter Daten
wäre damit einfach zu umgehen gewesen.

In SPSS/PC fehlen weiterhin zahlreiche komfortable Möglichkeiten der
Datenmodifikation (z.B. DO IF ... END IF; DO REPEAT ... END REPEAT). Hier
ist es empfehlenswert, komplexe Datentransformationen und Modifikationen
bereits im Datenbanksystem vorzunehmen.

Schließlich fehlen in SPSS/PC, auch wenn man die "Advanced Statistics" der Version PC+ berücksichtigt, einige statistische Prozeduren, wie die folgende Übersicht zeigt. Andere wieder haben unterschiedliche Kommando-namen (z.B. DESCRIPTIVES in SPSS/PC und CONDESCRIPTIVE in SPSS-X).

Schließlich hat SPSS/PC bezüglich der Anzahl der Variablen, die in einem Lauf aktiviert werden dürfen, die in einer Systemdatei abgelegt werden dürfen, oder die in eine Analyse eingehen dürfen, sehr viel strengere Restriktionen als SPSS-X.

Dennoch kann es für viele Anwender sinnvoll sein, bei überschaubaren Datenmengen die Anwendungen auf einem Personal-Computer mit SPSS/PC durchzuführen. Zwar ist die Verabeitungsgeschwindigkeit erheblich geringer als die von Großrechnern. Dafür steht dem Anwender die CPU voll-ständig zur Verfügung, so daß im Endeffekt viele Anwendungen auf dem PC in kürzerer Zeit erledigt werden können als auf einer stark ausgelasteten Großanlage.

In diesem Zusammenhang soll noch darauf hingewiesen werden, daß SPSS-X und SPSS/PC+ mit den Prozeduren EXPORT und INPORT den Datentransfer zwischen verschiedenen Rechnern, also auch zwischen PC und Großrechner, unterstüzen. Damit kann durchaus die Strategie angewandt werden, nur bei solchen Prozeduren auf den Großrechner auszuweichen, die in SPSS/PC (noch) nicht implementiert sind.

Übersicht 3: <u>Gegenüberstellung der in SPSS-X und SPSS/PC+ verfügbaren</u>
<u>Statistikprozeduren</u>

Prozedurname	Erläuterung	SPSS-X	SPSS/PC	
AGGREGATE	aggregierte Datei erzeugen und speichern	+	+	
ANOVA	mehrfaktorielle Varianz- und Kovarianzanalyse	+	+	*
BOX-JENKINS	Zeitreihenanalyse	+	-	
BREAKDOWN	Mittelwerte von Teilstichproben, einfaktorielle Varianzanalyse	+	+ (MEANS)	*
CLUSTER	Clusteranalyse	+	+	
CONDESCRIPTIVE	univariate Statistiken	+	+ (DESCRIPTIVES)	*
CROSSTABS	Kontingenztafelanalyse	+	+	
DISCRIMINANT	Diskriminanzanalyse	+	+ (DSCRIMINANT)	
FACTOR	Faktorenanalyse	+	+	*
FREQUENCIES	Häufigkeitsauszählungen, Histogramme und univariate Statistiken	+	+	*
HILOGLINEAR	Hierarchische loglineare Analysen	+	+	
LOGLINEAR	Loglineare Analysen (für Kontingenztafeln)	+	+	

Die mit + gekennzeichneten Verfahren sind in der jeweiligen Programmversion
verfügbar, die mit - gekennzeichneten fehlen.
* kennzeichnet die in diesem Buch besprochenen Verfahren

Fortsetzung der Übersicht 3 :

Prozedurname	Erläuterung	SPSS-X	SPSS/PC	
MANOVA	uni- und multivariate Varianz- und Kovarianz- analyse (für Meßwieder- holungen)	+	+	*
MULT RESPONSE	Häufigkeitsauszählungen und Kreuztabellen für Mehrfachantworten	+	-	
NONPAR CORR	Rangkorrelationen	+	-	*
NPAR TESTS	Nichtparametrische Tests	+	+	*
ONEWAY	Einfaktorielle Varianz- analyse	+	+	*
PARTIAL CORR	Partialkorrelation	+	+	*
PEARSON CORR	Produkt-Moment-Korrelation	+	+ (CORRELATION)	*
PLOT	Kreuzdiagramme	+	+	
PROBIT	Probitanalyse	+	-	
QUICK CLUSTER	Clusteranalyse für viele Objekte	+	+	
REGRESSION	multiple Regression	+	+	
RELIABILITY	Itemanalyse, Varianz- analyse für Meßwiederholung	+	-	*

Die mit + gekennzeichneten Verfahren sind in der jeweiligen Programmversion
verfügbar, die mit - gekennzeichneten fehlen.

* kennzeichnet die in diesem Buch besprochenen Verfahren

Fortsetzung der Übersicht 3 :

Prozedurname	Erläuterung	SPSS-X	SPSS/PC	
REPORT	Anfertigen von Berichten	+	+	
SCATTERGRAMM	Bivariate Kreuzdiagramme	+	-	
SURVIVAL	Sterbetafelanalyse	+	-	
T-TEST	t-Test für unabhänige und	+	+	*
	abhängige Stichproben	+	+	*

Die mit + gekennzeichneten Verfahren sind in der jeweiligen Programmversion
verfügbar, die mit - gekennzeichneten fehlen.
* kennzeichnet die in diesem Buch besprochenen Verfahren

<u>L i t e r a t u r v e r z e i c h n i s</u>

Andrews, F.M.; Morgan, J.N.; Sonquist, J.A.:; Klem, L.: Multiple classi-
      fikation analysis. Ann Arbor, 2. Aufl., 1973.

Arminger, G.: Faktorenanalyse. Stuttgart 1979.

Bauer, F.: Sequenzeffekte in der umweltpsychologischen Forschung - Ein
      Beitrag zur Erklärung kontextbedingter Beurteilungseffekte -,
      Freiburg im Br. 1981.

Bauer, F.; Franke, J.; Gätschenberger, K.: Flurbereinigung und Erholungs-
      landschaft - Empirische Studie zur Wirkung der Flurbereinigung auf
      den Erholungswert einer Landschaft -. Münster - Hiltrup 1979.

Beutel, P.; Küffner, H.; Schübo, W.: SPSS 8 - Statistik-Programmsystem
      für die Sozialwissenschaften. Eine Beschreibung der Programm-
      versionen 6, 7 und 8. Stuttgart 1980.

Beutel, P.; Schübö, W.: SPSS 9 - Statistik-Programm-System für die Sozial-
      wissenschaften München 1983.

Blalock, H.M.: Social statistics. New York 1960.

Boneau, C.A.: The effects of violations of assumptions underlying the
      t-test. Psychological Bulletin, 57, 49-64, 1960.

Bortz, J.: Lehrbuch der Statistik - Für Sozialwissenschaftler. Berlin,
      2. Aufl., 1979.

Camilleri, S.F.: Theory, probability, and induction in social research.
      Morrison, D.E.; Henkel, R.E. (eds): The significance test contro-
      versy. London 1970.

Cohen, J.: Statistical power analysis for the behavioral science.
      New York 1977.

Diehl, J.M.: Varianzanalyse. Frankfurt a.M. 1977.

Diehl, J.M.; Kohr, H.U.: Durchführungsanleitungen für statistische
      Tests. Weinheim 1977.

Fürntratt, E.: Zur Bestimmung der Anzahl interpretierbarer gemeinsamer
      Faktoren in Faktorenanalysen psychologischer Daten. Diagnostica,
      15, 62-75, 1969.

Gaensslen, H.; Schübö, W.: Einfache und komplexe statistische Analyse:
      - Eine Darstellung der multivariaten Verfahren für Sozial-
      wissenschaftler und Mediziner. München 1973.

Glaser, W.R.: Varianzanalyse. Stuttgart 1978.

Gold, D.: Comment on 'A critique of tests of significance'. Morrison,
      D.E.; Henkel, R.W. (eds): The significance test controversy. London
      1970.

Guilford, J.P.: When not to factor analyze. Psychological Bulletin, 49, 26-37, 1952.

Hager, W.; Lübbeke, B.; Hübner, R.: Verletzungen der Annahme bei Zwei-Stichproben-Lokationstests: Eine Übersicht über empirische Resultate. Zeitschrift für experimentelle und angewandte Psychologie, 30, 347-386, 1983.

Hagood, M.J.: The notion of a hypothetical universe. Morrison, D.W.; Henkel, R.E. (eds): The significance test controversy. London 1970.

Hobgen, L.: Statistical prudence and statistical inference. Morrison, D.E.; Henkel, R.E. (eds): The significance teste contro-versy. London 1970.

Kirk, R.E.: Experimental design: Procedures for the behavioral sciences. Belmont, Cal. 1968.

Klapprott, J.: Einführung in die psychologische Methodik. Stuttgart 1975.

Lienert, G.A.: Testaufbau und Testanalyse. Weinheim, 3. Aufl., 1969.

Lienert, G.A.: Verteilungsfreie Methoden in der Biostatistik. Meisenheim am Glan, Bd. I, 2. Aufl., 1973.

Morrison, D.E.; Henkel, R.E. (eds): The significance test controversy. London 1970.

Morrison, D.E.; Henkel, R.E.: Significance tests in behavioral research: Pessimistic conclusions and beyond. Morrison, D.E.; Henkel, R.E. (eds): The significance test controversy. London 1970.

Norusis, M.J.: SPSS Statistical Algorithms. Release 8.0 Chicago 1979.

Norusis, M.J.:SPSS/PC+ for the IBM PC/XT/AT. Chicago 1986.

Norusis, M.J.: Advanced Statistics SPSS/PC+ for the IBM PC/XT/AT. Chicago 1986.

Schubö, W.;Uehlinger, H.-M.: SPSS-X Handbuch der Programmversion 2. Stuttgart, New York 1984.

Schuchard-Ficher, C.; Backhaus, K.; Humme, U.; Lohrberg, W.; Plinke, W.; Schreiner, W.: Multivariate Analysemethoden. - Eine anwendungs-orientierte Einführung. Berlin 1980.

Selvin, H.C.: A critique of tests of significance in survey research. Morrison, D.E.; Henkel, R.E. (eds): The significance test controversy. London 1970.

Siegel, S.: Nichtparametrische, statistische Methoden. Frankfurt a.M.1976.

Überla, K.: Faktorenanalyse. Eine systematische Einführung für Psycho-logen, Mediziner, Wirtschafts- und Sozialwissenschaftler. Berlin, 2. Aufl., 1971.

Winch, R.F.; Campbell, D.T.: Proof? No. Evidence? Yes. The significance
         of tests of significance. Morrison, D.W.; Henkel, R.E.
         (eds): The significance test controversy. London 1970.
Winer, B.J.: Statistical principles in experimental design. New York 1971.

Multivariate Analysemethoden

Eine anwendungsorientierte Einführung

Von K. Backhaus, B. Erichson, W. Plinke, Ch. Schuchard-Ficher, R. Weiber

4., überarbeitete und erweiterte Auflage. 1987. 126 Abbildungen, 137 Tabellen. Broschiert DM 49,80
ISBN 3-540-17226-2

Dieses Lehrbuch behandelt die wichtigsten multivariaten Analysemethoden, nämlich Regressionsanalyse, Varianzanalyse, Faktorenanalyse, Clusteranalyse, Diskriminanzanalyse, Kausalanalyse (LISREL), Multidimensionale Skalierung und Conjoint-Analyse.
Wesentliche Merkmale dieses Arbeitstextes sind
- geringstmögliche Anforderungen an mathematische Vorkenntnisse,
- allgemeinverständliche Darstellung anhand eines für mehrere Methoden verwendeten Beispiels,
- konsequente Anwendungsorientierung,
- Einbeziehung der EDV in die Darstellung unter schwerpunktmäßiger Verwendung von SPSS[x],
- vollständige Nachvollziehbarkeit aller Operationen durch den Leser,
- Aufzeigen von methodenbedingten Manipulationsspielräumen,
- unabhängige Erschließbarkeit jedes einzelnen Kapitels.
Das Buch ist von besonderem Nutzen für alle, die sich erstmals mit diesen Methoden vertraut machen wollen und sich anhand von nachvollziehbaren Beispielen die Verfahren erarbeiten möchten. Die Beispiele sind dem Marketing-Bereich entnommen; die Darstellung ist jedoch so einfach gehalten, daß jeder Leser die Fragestellung versteht und auf seine spezifischen Probleme in anderen Bereichen übertragen kann.
Gegenüber der Vorauflage sind die Analysemethoden in der 4. Auflage sowohl in der methodischen Darstellung als auch in den Rechenbeispielen vollständig variiert worden. Neu in das Buch mitaufgenommen wurden wegen ihrer gestiegenen Bedeutung die Kausalanalyse unter Verwendung von LISREL sowie die Conjoint Analyse. Alle Beispiele, die in den bisherigen Auflagen mit SPSS gerechnet worden sind, wurden auf die neueste Programmversion SPSS[x] umgestellt.

Springer-Verlag
Berlin Heidelberg New York
London Paris Tokyo

Springer